catch

catch your eyes；catch your heart；catch your mind……

李盈瑩

彩鷸在家門前秘密遷徙

自休自足╳自由接案的躺平日記

目錄

Chapter 1 春之序

Chapter 2　夏之夢

旅讀路上

Chapter 3 秋之收

Chapter 4 冬之藏

作者序

在物質上躺平，在精神上富裕

畢業、償還學貸、每日通勤、打卡上班，將部份儲蓄投入治裝、美食與出國，成為一個閃亮亮的都市人；然後結婚、育兒、買房，繼續償還房貸，直到六十五歲退休。「消費」構成了我們是誰，構成了我們的安全感，那是一條透過資產階級鞏固，與消費主義共同鍛造的鍊。

在台北生活期間我常感到自身的不足。捷運車廂裡充斥衣著精緻的人，敦促我們需要治裝、需要看上去體面；處於職場又常覺得自己生活歷練不夠，買了各式書籍，卻沒有精力好好讀完；周間每日通勤來回要兩小時，到家後餐桌上是已然涼透的飯菜；好不容易熬到周末，卻又害怕空白的行程表，好像不事先安排活動，便有愧於假期。

那時候距離季節與泥土都很遙遠，夏日就是辦公室的冷氣房，冬季則是北部的連綿細雨，雨水帶來的僅是交通不便、塞車困頓，於我並無實質意義。這樣的生活持續多年，直到將四十多萬的學貸繳清，人生歸零，重新起步，此時我問自己，能否從體制化的鍊裡逃脫，選擇喜歡的地方，過著內心真正渴望的生活？

*

如今遷居宜蘭已邁入十年，我與伴侶承租位於農村的平房，撿拾漂流木與棧板做成板凳與鞋櫃、在側院填土養雞，完備了一間小而實用的住屋。伴侶在工作之餘耕種一分大的稻田，足夠我們每年的食米量；我擔當種菜組，從逐漸年邁已不堪勞動的鄰居那接收了幾塊菜地，陸續種下紅心芭樂、金柑、芭蕉、鳳梨等果物，以及隨春秋兩季年年循環的蔬菜、豆類、雜糧與辛香作物。

當青蔥繁茂時我包餛飩，番茄豐收時燉煮羅宋湯，我幾乎日日開伙，吃熱騰騰的飯菜、新鮮的米與蔬果。在鄉野的日子，對比都市生活，季節、雨水、艷陽都有了具體意義。每一場雨水都能滋養菜地，每一次的艷陽也都拉拔作物長大。每回工作完成後我會去同一座山林散步，或趁日落前在農村小徑騎單車，鄉下的四季流轉變幻，既熟悉又富新意，我樂於探看。

*

貼近土地的生活讓我的身心都有了根基，但無論如何仍需直面物質生活。在宜蘭的這些年，我以接案模式從事刊物採訪撰文，搭配寫書、副刊、偶爾的講師費，十年平均下來，每月所得約達經常性薪資的一半。

這樣的收入在多數人眼中應該都不及格吧！然而選擇理想的生活究竟需要多少金錢才算足夠？若不以整體社會錨定對照，我的月均收入扣除農村的房租、水電、伙食、日常採買、個人開銷及保費，其實足矣，甚至有餘。

在鄉野的日子，充滿各種有餘，鮮少有之前在都市生活時經常冒出的匱乏感。這份富足可能來自於家附近偶遇的小牛與彩鷸幼雛，或在菜園發現了自行野化迸出的小番茄與南瓜；也可能來自，我並未花費太多時間在工作上，而是致力於取得工作及生活的平衡。

生命有限，賺錢有度，節制工作在人生裡所占據的時間，創造閒暇與自由，始有餘裕體察萬物，探索與創作。

Chapter 1 春之序

春日的生活氣味是濡濕、朝氣蓬勃，

充滿初發的嫩芽與新意。

月桃、柚花、苦楝、鼠麴草陸續花開，

然後芭蕉吐筆了、彩鷸幼鳥上路探險了、

斑蝶在水渠間快樂成癮。

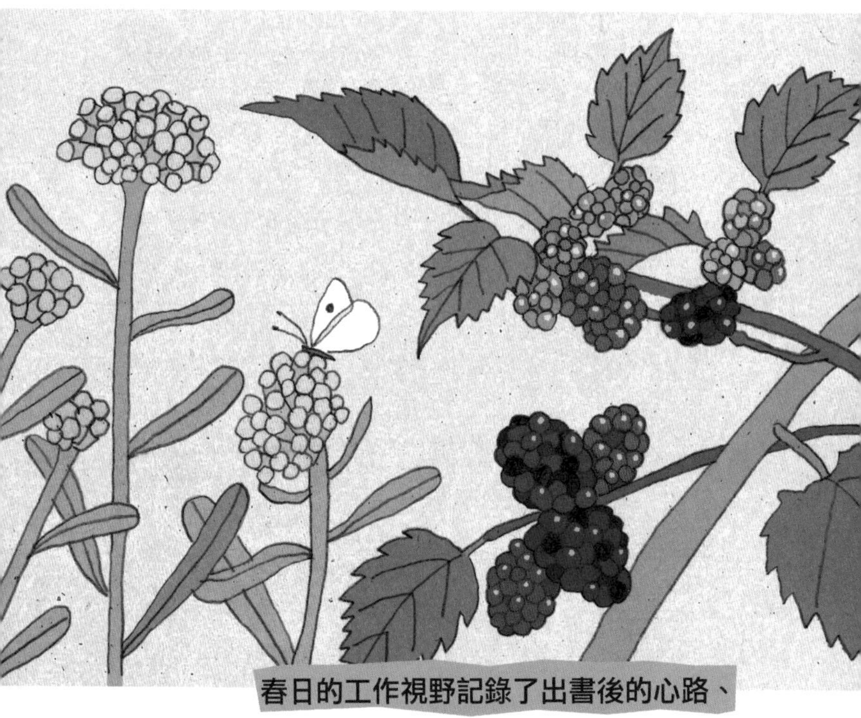

春日的工作視野記錄了出書後的心路、

拜訪雞場與屠宰場的震撼與低迴，

以及各行各業的訪談隨筆。

春日的旅讀來到山城九份，

還有被童趣繚繞的返鄉行。

Life
生活氣味

菜園是昔日的原始林，家雞是昨日的山羌

青春正盛的二十來歲，我曾極度嚮往山林生活，因而短暫告別熟悉的出版領域，進入林業試驗所位於宜蘭的福山植物園從事野外工作。兩年的山林歲月，每周深入原始林蒐集種籽，返途若遇到午後起霧，偶有藍腹鷴佇立在路中央與我相視，像一場無人知曉也無人見證的霧白色夢境。

自然沒有不見，只是換成家常的樣子

出版產業的採訪工作是門知識經濟，腦海塞了許許多多的資訊與人們的談話，編輯潤稿、一校二校、製版送印。終於，我倦於知道一百件事了，可以的話，我想知道一根草就好。我想感受汗水暢快淋漓，忘卻那些盤據於心的思緒，轉換成單純勞動的日子。於是我離開出版，到山上去。兩年的山居時光，釘打在工作與生活的匯流處，晨光熹微的時刻，成群的獼猴在宿舍屋頂嬉鬧

玩耍；午後的林間，有怯生的山羌出沒；入夜後，大赤鼯鼠從樹梢滑向另一棵樹，蕨葉上有睡夢中的綠繡眼，隨著夏夜晚風載浮載沉。那是一段充滿動植物氣息的歲月，雨霧時常浸潤整座山頭。

可是野外調查的工作端視計劃經費，如夢的日子終有期限，身體所能承受的負荷同樣也有消磨殆盡的一天。我仍對出版有愛，對曠野自然亦是，於是「耕作」便成了折衷依歸，那是馴化版的曠野，以居家的形式與自然常保連繫。

二〇一五年，年過三十，帶著所剩不多的積蓄，與伴侶 TN 一同遷居宜蘭農村，展開耕地種菜、接案寫稿的生活。如今的日子，菜園就是昔日山上工作的森林；飼養的家雞就是昨日的山羌，自然與曠野從來沒有消逝不見，只是換成家常的樣子日日陪伴。

拼貼般的接案歲月

與過往在北部出版社打卡上班的型態截然不同，在宜蘭的採訪工作替換為接案模式，不再是以往單一塊狀的時間強勢占據，而是被拆分為一篇篇由不同出版單位所發包的案件。這周的工作或許是副刊寫作、農業雜誌的封面故事採訪，下星期是雙月刊的移居者訪談，前些日子在外島出差撰寫書稿，明日則是因為養雞出書而受邀的講座分享。

工作內容在不同的腦內硬碟切換來去，如多彩的拼貼，有時案件像約好似的齊聲到來，有時又突然騰出一段空白的日子。接案工作隨之而來的副作用是毫無保障且極不穩定的收入來源，以及忽快忽慢難以掌控的發案節奏。由於這些工作每一件都十分耗費心思，我終究逃不開燒腦的命運，然而與過往不同的是，對於遠方與旅行的渴望大幅降低了，放假的日子不再需要逃離都市、追逐鄉野，只因鄉野已在我的生活之中，那是無時無刻都能碰觸到的事物。

二分之一的勞動與勞心

當腦袋滾沸燒熱，當心緒猶如火宅的時刻，那就去一趟菜園吧！野地裡總有驚奇，那兒有昨日剛結莢的豌豆等待採摘，有青花筍在一節節腋芽處探出頭來的菜嬰，清明節前夕有鼠麴草與黃鵪菜盛開的季節之花，一旁高掛在樹梢的則是即將熟成的紅心芭樂，散發出陣陣果香。暫且將腦海裡的思緒關閉，讓閒散的雙手投入於勞動之間，翻耕整土，播種移苗，澆水覆草，迎接嶄新的春耕。

半農半寫作的生活，最能夠感到踏實的日子，是按照表定計劃把當日該寫的稿子完成，接著歡欣鼓舞闔上筆電，趕在夕陽還未西下之前、天光依然清亮的時刻，到菜園裡探看作物的變化。回程時採收作物若干，炎炎夏日將黃熟的紅心芭樂榨汁濾渣，摻和糖水與檸檬製成果汁；冬日歲末採收金柑數粒，與收成的老薑煮成薑汁桔茶；晚餐時刻將採收回來的南瓜、白蘿蔔與排骨熬煮燉湯，將珠蔥剁碎與母雞清晨所下的雞蛋一同煎熟，再快炒一盤當季盛產的高麗菜，煮一鍋自栽的稻米飯，滿桌透過勞動而成就的晚餐，吃起來特別有味，彷彿一日下來，腦與心、手與筋骨皆已竭盡所能，為生活貢獻一己之力。

寫作與耕作，一者勞心，一者勞力，生活在這一靜一動之間，逕自形成一種結構上的平行對位。或許燒腦之事依舊燒腦，耗損筋骨的農事也毫無捷徑，但因為二分之一的勞心加上二分之一的勞動，身心在此找到平衡與依歸。

春日花果，
野地時序的儀式感

每年農曆年後春暖花開的季節，我常在心底盤算這一季要種什麼作物，前期的作物何時能收成清空，哪一天是晴朗的日子該拾起鋤頭整地翻耕，又有哪些作物該播種育苗。可是今年我卻什麼也不想做，想讓自己放慢步調，想種的時候就種一點，就算沒有種好種滿，園子裡自然竄出鮮鮮綠綠的雜草也很好。

或許是因為在耕作上的刻意留白，我的注意力被騰了出來，同一塊菜園循環了十個春秋，同一座山林走了上百回，試著用更緩慢閒適的心情去看待，好像又會有新的視野浮現出來。十年如果是一場小學，我從初入農村凡事都躍躍欲試的新生，慢慢長成沉穩淡定的高年級。

月桃

從熱鬧歡騰的春節假期回歸宜蘭日常，開春的第一場山林散步，宛如年度儀式的開端，宣告一年的起始。春季是月桃預備開花的時節，往年我曾採摘全然綻放的花朵，將花瓣投入飯鍋蒸煮，香氣卻不如預想中的濃郁，今年試著採集含苞待放的花串，將花苞縱切的那一刻，層層包疊的香氣淡淡發散，用熱水沖泡沏成茶飲，身體的回應是喜歡的，於是我再採了幾串，冷凍封藏，為日後儲備。

鳳梨

回到宜蘭，最迫不及待的除了關切數日不見的母雞們，為其添換飲水、割草餵食，其次就是巡視菜園，時間的積累總能替作物帶來驚人變化。相隔一周不見，珠蔥越發肥美，蘿蔔露出嫩白的香肩，前年夏天從二湖買來的鳳梨苗，葉片逐漸變得修長，葉基出現一圈暈紅，吐露幽微初發的果實，於早春預告了夏的收成。

柚花

相隔一周再訪家附近熟悉的山林，步道的起始有在地人家栽植的芭樂、樹葡萄與筆柿，隨後便迎來陣陣撲鼻花香，那是每年三月瀰漫在農村的柚花香，其濃郁遠播的程度，是整個庄頭都會被全面籠罩的態勢。接續繞行山林，昭和草在初春開展毛球，穿山甲在茶園邊坡挖鑿了新的洞穴，並在洞口殘留一小山的紅土粉末。

桑葚

隨著氣溫漸暖，山林裡的月桃花串已完整開展，能採收花苞的日子已屆尾聲，此時野生桑葚正陸續熟成。去年底的低溫蓄積，促使了今年的桑葚大出，結實累累的枝條如一道道彎垂的柳，樹形遠看像一只倒蓋的碗，我將身子穿梭到碗的內裡，由內向外看去，成熟飽透的、寶石紅的、仍青綠生澀的，點狀錯落在桑葉之間。桑葚不耐放，但我也不愛加工後被糖膩淹沒的滋味，所以每次只採幾粒鮮食，它們就像是鄉土版的莓果，是春日的小確幸。

苦楝

春日低頭往草皮細看，鮮紅的蛇莓藏匿其間，鼠麴草也在此時接續開花，稀稀疏疏長在菜園間。春日抬頭往遠山望去，苦楝花灰濛濛的淡紫色調靜定坐落，它不像風鈴木有艷黃的花串、不像花旗木的粉色動人，也不像木棉花有霸氣的大型花朵，更不如早些時候盛開的櫻花受人追捧。明明是朝氣蓬勃的春天，唯獨苦楝蒼濛低調，但正是因這樣的不張揚，反而成就繽紛春日裡最耐人尋味的一景。

龍眼、番茄

時序跨入四月，一樣的農村，一樣的山林，步道入口的龍眼樹梢掛滿日漸茂盛的花序，我想起日前採訪的宜蘭蜂農，會趁此時載上一卡車的蜂箱到中部的龍眼園住上幾個月，隨後在六月至壯圍採收哈密瓜蜜，待時序來到秋冬，則採收田間施撒之綠肥「田菁」節骨上的蜜露，隨後還有溪床上盛開的雞屎藤蜜，一年四季隨花流轉，游牧般的養蜂人生。以往總是遠遠地觀看龍眼開花，今春我試著將鼻息湊近花序之間，果真有龍眼蜜的香甜氣息瀰漫，據說採摘幾枝花序曬乾沖茶，亦有蜜香甜。

離開步道，返家前再巡一趟菜園，玉女番茄在橙色調預備跳往下一色階之前，已被白頭翁啄出不規則花邊，想想春日如此豐饒，大地的野花野果慷慨餵養著我們，我們不如也分一些番茄給春鳥。

芭蕉樹許願清單

清晨手機響起，是與我在同一塊菜園耕作的農友夫婦，記憶中總是穿戴斗笠與袖套、天色方亮就到園裡工作的大姐說道：「你的芭蕉熟了，我用農產品跟你換好嗎？」

生活在鄉野，滿富食物之豐饒

芭蕉的熟成是那樣一弓一弓的，而每弓又由多串蕉組成，偏偏蕉類不耐存放，每回採收後就是與時間賽跑的拉鋸賽，一天天看著它們由青轉黃、由黃轉黑，再不努力吃完果蠅都來拜訪了！以往會用鐮刀分切數份，贈與鄰近友人，可同一個區域，每種作物黃熟的季節也往往重疊，重複送了人家也豐收的作物，反倒成了交換試吃會，總量依舊有增無減。

農友大姐的提議正好解決了盛產的問題，這對專職務農的夫婦除了種菜、種甘蔗，也耕植友善稻米。因此一弓芭蕉，在保留一串自家食用之外，我還能額外兌換糙米、初榨甘蔗汁，以及農友大姐用米穀粉與芭蕉製成的米蛋糕。米穀粉比起一般麵粉製成的蛋糕多了一股純粹細緻的米香，口感軟綿富彈性，每回我會搭配溫熱後的甘蔗汁，邊吃邊覺得自己好富足。

是啊，在農村其實賺不了什麼快錢，可是食物這塊卻始終富裕，在這裡有人是稻米界的富豪，有人是當季蔬果的暴發戶，我則是永遠有當日採收的雞蛋排坐在冰箱架上。新鮮充足的食物在此源源不絕，我們受到土地與動植物的餵養太多太多。

去年夏天捎來的禮物

談起這幾株讓我每回像許願般開心兌換各種好吃食物的芭蕉樹，其實並非一直都這麼夠力。它們最初原貌是從朋友菜地挖來的，一株僅有半米高的幼苗，隨著氣溫漸升，幼苗逐日長高，隔年側邊冒出許多幼芽，就這樣從一株矮苗，叢生為十來棵芭蕉樹所組成的植物聚落。

只是，頭幾年僅收穫過一弓，每年總在即將採收前夕遇到颱風攪局，整株芭蕉樹被攔腰折斷。正好去年夏季無數個颱風一遇到台灣便神奇轉彎了，閃過了風雨的侵擾，於是時節來到冬末，再來到初春，一共高掛了七弓芭蕉在樹叢，我盯著它們不斷拿捏採收適期，只見原本還是青綠色的蕉身，相隔一周，便迅速轉黃，成了名符其實的在欉黃。

如同林業的經營一樣，半世紀以前的修枝作業，造就了半世紀以後一株可利用的無節良材。在我們的農地裡，一年前風平浪靜相安無事的夏季，成就了今日結實纍纍的芭蕉，那是去年夏天捎來的禮物，是彼時就已起草譜寫的土地情書。

無爲的農人，風土之下的幸運

雖然每回都興高采烈地羅列換物清單，卻時常感到幾分心虛，覺得自己是這般無為的農人，它們比較像是大地種的，是氣候上的順遂所造就，這些收穫怎麼會是我的？芭蕉怎麼屬於我。

老一輩農人習慣將側生的幼苗移植他處，避免植株相互瓜分土壤養份，某次讀到一篇講述自然農法的文章，提及了群聚的芭蕉樹，各株不見得同時開花結果，當其中幾株正在開花，與它們叢生的其它植株，此時正伸長了脖子，透過自身寬闊的蕉葉努力行光合作用、將養份運回土壤，而那些養份其實是這片芭蕉聚落彼此共享的。如同原始部落的共育概念，今天我生孩子，其他族人負擔打獵耕作與烹飪工事，明天換你生子，我再撿起如常的家務。

自從腦海植入了「芭蕉共育」的概念後，我也順理成章樂當一名無所作為的農人，省下了砍除側芽的農事，偶爾只是將菜園割鋤的野草堆置在芭蕉樹叢間充當肥份，當野草堆高如山，我就攀上被芭蕉樹包圍著的草山，在上頭踩跳壓實，那模樣若旁觀起來想必滑稽，好像什麼人在無人知曉的時刻逕自發明的小遊戲。除此之外我什麼也沒做，然後便豐收了。

花苞裡的俄羅斯娃娃

芭蕉樹結果後生命也隨之殆盡，因此採收的方式是用折合鋸直接砍向莖幹，讓整棵植株應聲倒下，就能解決蕉串結得太高、採收不易的問題。芭蕉除了果實可食、蕉葉能作為料理擺盤之墊葉、聳立的假莖可抽取天然纖維之外，芭蕉在初期吐筆之際，可以刻意保留七到九串果實，接著就將前端的花蕾砍除，如此可讓養份集中在已發育的幼蕉身上。而砍下來的那隻「筆頭」，裡頭其實是由層層花苞包覆的無限花序，這些蕉花亦可曬乾煮茶喝，讓芭蕉成為從頭到腳都能完美利用的植物。

拆解蕉花的過程饒富趣味，隨著苞片一片片剝開，蕉花也逐漸縮小，像俄羅斯娃娃那樣，蕉花迷走在螺旋狀的階梯，一層又一層，從紅棕色的花苞慢慢變成內裡白嫩的苞片，一個比一個還要迷你的蕉花，宛如縮小版未能順利面世的微型芭蕉，讓我獨自在菜園裡為蕉花的神秘感到驚奇不已。

芭蕉令我驚奇的，還有它「巨型草本」的身份，若說芭蕉就是現存於世的一株巨大的草，那我們或許只是「這株草」底下如螻蟻般的小人族；以及如果世上還有巨人存在，那麼芭蕉這株草所結的那一串串蕉，可能就如同我們之於田間稻穗或野地裡的草穗一樣，只是夾藏在禾葉間的一串鮮黃果穗。

「世上為什麼會出現像芭蕉這般巨大的草本植物？」、「又為何現存人類是這樣的比例尺？」在菜園耕作的我也一邊思考這些無用之事。

光冠水菊

我所耕種的菜園緊鄰蘭陽溪的灌溉溝渠，春夏的季節這條溝渠滿布一種叫「光冠水菊」的草，上百隻青斑蝶與紫斑蝶圍繞其間暢飲花蜜，據說這草是斑蝶的搖頭丸，吸了花蜜後反應會變得遲鈍，並且對其他蜜源植物都不再感興趣了，獨鍾眼前這個讓牠們快樂遲緩的外來植物。

前些日子河川局不知趁什麼時候，在人們無能覺察的時刻一溜煙把溝渠清得澈底，前去種菜時發現一隻落寞的斑蝶在草叢間，隨著空氣載浮載沉若有所失。

河邊菜園走到底是昔日這一帶飼養鰻魚苗的紅磚工寮，如今魚寮已被荒煙蔓草覆蓋，寮前還有一座約直徑五米寬的水井，同樣被蔓生植物長年遮蓋。河川局清理溝渠時，順勢將岸邊雜草一併清除了。我走到這座重見天光的巨大水井，看見清澈的井底冒出一顆顆如碳酸汽水的湧泉氣泡，一隻被驚嚇的白腹秧雞像美人魚一樣下潛至水中，掠過水草，兩隻纖細的腳在後頭悠悠擺動。我第一次見到白腹秧雞游泳，戴白色面具的鳥正在游泳，在整個農村都在午睡的正午時分。

彩鷸

春末初夏，家裡悶熱跑去圖書館吹冷氣寫稿，黃昏時刻照例買了韭菜盒回去，機車剛彎進家前那條路，眼前兩對細細的腳迅速挪步橫越整條馬路，兩隻小人正在秘密遷徙。一時之間機車逆向追去看個究竟，只見本來在遷徙的小人就地趴伏地面，以為身子放低巨人就看不到了嗎？然後在我眨眼的瞬間，一隻小人就背叛另一隻，從僵著低伏的姿態像忍很久似地突然起身，振翅疾走鑽入五月的稻禾森林。小彩鷸好好笑，甜蜜了一整晚。

奶油南瓜

我曾經非常認真想種好奶油南瓜，到山上採土自己育苗，當發現移植到菜園的幼苗會在雨夜被蝸牛啃斷頭時，特地用黑色籬笆網圍成一圈，將鐵絲拗折像帳篷下營釘一樣插入泥土固定圍網，然後施肥、摘心，等果實確定授粉後，就用沾濕的衛生紙把小果包覆起來避免被瓜實蠅叮咬。

但即使做到這種程度，南瓜它不想生的時候就是不生，去年這麼大費周章照顧它們，一季下來卻收成沒幾顆。可是人算不如天算啊，應該是去年秋天有自然落地的果實與南瓜籽生成，今年春天逕自在菜園裡蔓延成片，前後收了近十顆，當然有些很醜，被瓜實蠅叮得坑坑疤疤。

野生小番茄也是同樣的情況，近來清晨睡醒第一個念頭就是去菜園看看有哪些番茄轉紅了，幾乎每天都能摘滿一鋼杯的果實，採收的過程真的會覺得自己好像很有錢，果物豐饒，前途無可限量。

豐收以後，接下來就是奶油南瓜與小番茄的一百種吃法。野番茄酸度高，做番茄炒蛋偏酸，拿來煮羅宋湯卻剛好，番茄的酸度與牛肉的油脂十分融合，搭配洋蔥與紅蘿蔔熬出來的甜味，湯頭濃郁富層次。至於南瓜，除了煮濃湯或燉排骨，前陣子把它蒸軟打成泥，揉進麵粉擀成墨西哥餅皮，餅皮乾烙後可包餡，餡料的部份可將南瓜切成小塊蒸熟，與橄欖油、小番茄一同乾煎，灑些鹽巴、香料粉、起司粉就能起鍋，清爽且有飽足感。

躺平有節，或許勞動也有節度，有時或許省去不必要的勤奮，專吃天上掉下來的禮物（藏在鳥屎裡的番茄籽），它們天生天養且無欲無求，能量豐沛，滿是野性的濃郁。

Work
工作視野

書寫過後

每回出書後好像不可避免地必須切換為通告人生，舉辦新書發表、馬不停蹄地廣播錄音，但我從來就不是公眾演說的能手，活動前夕內心總是扭捏再三，焦慮炸裂。

再來還有一點就是情感上的錯位，我時常在出書後的時點想到攝影師李屏賓在《乘著光影旅行》的那段話——「拍電影的人，看電影的人，我們都在旅途上，一個已經要回家，一個準備要出發。」寫書與看書的人也同樣，書寫者最激情的時刻是那些思緒在腦袋快速飛梭的夜晚，是寫到雞的墓誌銘甩筆痛哭的片段瑣碎，是孤獨的沸騰。但在書籍面世以後，在讀者翻開第一頁的那刻起，作者已在不久前從情感之巔起身下山了，此刻卻因應宣傳，必須重新召喚彼時的情感。

只是啊，後來我發現了，在跑宣傳的這段期間，縱使在情感上與讀者錯位了，但取而代之的是一份在感謝上的激情。有這麼多的人，像為自己的小孩一樣替妳開心，那些老派式的買書送人、轉貼文，或在出版如此艱困的時代默默支持的，還有帶著發亮眼神給予我在寫作上的回饋者，每一位我都好感謝。

雞之星球

養雞九年多，無論是自己或農村朋友的雞舍，都仍是業餘養雞的規模，這回接到養雞場的雜誌採訪案，一陣興奮湧上心頭。

驅車來到新竹，循著河堤旁通直的道路抵達了這座平飼雞場，入場前我們換上水藍色的防護衣褲與透明鞋套，將自己像太空人一樣包覆起來，登入這座名為雞場的星球。早晨的斜陽照落了一地雞毛與墊料，牠們對新事物好奇不已，雀躍不已，群聚在我的腳邊，高床上的雞也探出頭來輕啄那件水藍色的不織布衣角。當眼前有兩千隻雞同時細碎吱喳在說話，好像置身在一座千人輕聲對話的會場，本該是吵的卻覺得莊嚴肅靜，背景音如一襲牠們合力密織的平坦的毯。

我明白從種雞孵化場到土雞到蛋雞飼養的大半個世

紀，是雞場老闆投入一生且值得被尊敬的一場生存技藝。可是，都已經這麼人道飼養了，抓雞時不會溫柔，必要時也得徒手折斷雞脖丟入化製機；可是，都已經這麼人道飼養了，但當我看見隔離區懷揣著呼吸聲等待死亡的個體還是極度難受，並為這份難受感到自己有多麼軟弱。

屠場日記

清晨四點半起床，趕客運轉高鐵來到雲林，與攝影師會合後驅車前往斗六，上午訪電宰場，下午訪孵化場，那是一家從育種、孵化、找農戶契養，到最後的宰殺分切，從雞的新生到死亡一手包辦的實業。

依規範我們必須倒著觀看電宰場，像時光倒流一樣，從最後的分切包裝，看回去上一步驟的清洗降溫，再看內臟室、放血室，從最乾淨到最髒的，避免參訪者有任何汙染到生產線的機會。進廠前當然也免不了穿戴浴帽、雨衣、塑膠鞋套，反覆洗手、越過消毒池，所有可能掉落毛髮的地方都要緊緊鎖起來，以此登入屠宰星球。

分切包裝與吊掛清洗的步驟尚且平靜，但來到掏挖內臟的處室，悶腥的味道瀰漫空氣之中，一股細微的反胃衝動，一度心生膽怯，身體好像抗拒再往前一步。試著把感受蓋掉，繼續穿越，自動化的產線吊掛成排屠體，已掏出的臟腑接垂在屠體之外，精緻油亮，襯在淺色的屠體更顯繽紛，兩位看來年長淡定的女獸醫掛起眼鏡檢查雞隻健康與否。

此趟南下行程，原先想在工作結束後順道去麻豆代天府參觀十八層地獄，後來考量舟車勞頓因而作罷。但我終究還是來到了地獄，張眼所及滿布禽類屠體的地獄。

當天為我解說的是電宰廠長，一名中年泡泡眼的鋼鐵男子，開朗明亮，心性堅固。他們是業界少數相當注重衛生的電宰廠，消毒水、每日關場前繁瑣的清潔作業、夜間釋放的臭氧殺菌。屠宰的階段也採行清真認證，電暈後五十秒內確保雞隻在無覺知的時間內精準執行割頸放血，兩條血管外加一道氣管俐落切到底。廠長說：「總要有人來執行這些事。」而他們試著用更好的方式來完成。而我謝謝他。

下午來到孵化場，受精蛋在此入孵廿一日後出場，今天是牠們誕生到這個世界的第一天，雀躍、充滿彈性、靈動而聒噪。彼此絮絮叨叨交頭接耳，正透過性別鑑定師進行男女分班，隨後工作人員兩指一掐，鵝黃色的小雞後頸鼓起一塊皮肉，注下生平第一支疫苗。場外風起，樹梢浮動，大樹上的野鳥吱喳，場裡大型的排熱風扇運轉不歇，與牠們的亢奮聒噪交織一起，數以萬計的生命在此齊聚一堂，歡慶生之喜悅。

又一次的時光倒流，從上午的死亡回到午後的初生首日，稍晚貨車到來，牠們將交給契養戶拉拔長大，數個月後再送至電宰場，結束此生。

隨後搭攝影師的便車來到台南永康站，準備到府城住一晚。行車時瞥見飼料廠高聳入天的巨大筒槽，近距離仰望幾分壯觀幾分震懾。步上月台候車時隱約聞見雞飼料的味道，把口罩拉開，四周空氣全是濃厚的雞飼味，濃到你覺得這些人造的龐然大物像天幕一樣籠蓋住整座鄉鎮，占據每一粒空氣分子，走進每個人的鼻息裡。

有人養雞，有人屠宰，有人製造飼料，來到食用動物與牠們的產地，一個龐大的產業正日日運轉著，在每日的餐桌之外。

春日採訪雜記

竹藝師

與《豐年雜誌》的編輯搭乘火車前往桃園楊梅的富岡聚落，採訪年逾八旬的國寶級竹藝師。在堆滿竹材、竹凳、早期子母椅的起居空間，那一整條長型的木頭就是阿公的工作檯，竹編座墊隨著屁股在生產線上前後滑動。採訪途中他突然悶不吭聲就將坐墊滑向後方，從側邊抽屜拿出一包營養口糧，取了兩片配水喝，我抬頭看了時鐘是三點半整，此刻來到阿公的下午茶時間了吧！

從十三歲到九十歲，竹藝做了七十幾年，阿公的雙手不能停也不會停，訪談的時候也要一邊做事不曾停歇。

台中農改場

為採訪紫錐菊的新品種來到台中農改場，一直很困惑為何名之為台中農改場卻座落於彰化？原來先前場址在台中向上路，因腹地不足才遷移至大村。農改場所在的地方有個美麗的名字——田洋村，因為到了梅雨季節此地瞬間雨量有時會飆高，搭配廣坦的地形，四周田區就成了一片汪洋，故名田洋。

傍晚時分，場裡的人們預備下班，廣坦的場區有人騎單車、有人駕駛汽機車，背景襯著引擎陸續發動的聲音，他們行色匆匆互道再見，身影穿梭在參天的樟樹老樹之間。天色逐漸昏黃，一旁黑冠麻鷺在草地上與蚯蚓拔河，草叢裡還有壘球般巨大且蓬鬆飽滿的馬勃蕈菇座落其間，總覺得這裡像一座小村，眾人因農藝而集結起來的小型村落。

木材廠

繼上回拜訪台大實驗林位於南投水里的木材實習工廠，此行來到宜蘭蘇澳，採訪由早年原木料買賣轉型為觀光工廠的森學苑。穿越明亮整齊、充滿解說牌與木作商品的前台，我們來到後方的木材加工廠，現場充斥切割機、刨光機各種機械運作的聲響，空氣則是濛濛的細末粉塵，由於空間挑高、木材堆積如山的緣故，在廠裡遊走常感覺自身的渺小。幾回訪木材廠，堆材旁的辦公桌、牆上的日曆，好像就是這些文質的物品相映在陽剛之地，常有視覺上的寧靜。

農村廣播

最常聽廣播的時期是國高中，那時候與姊姊共用一個房間，書桌上那台紅色的「拉吉歐」會在我們邊寫功課的時候一邊放送廣播，裡頭會固定放一片空白錄音帶，每當主持人將播放到我們喜愛的曲目，姊姊會以迅雷不及掩耳的速度按下錄音鍵，自製一張最愛歌曲集錦。而往後的人生就跟廣播漸行漸遠了，縱身躍入網路世界的浩瀚之海。

米米之音的大米是宜蘭社群裡相識的農友，在備訪的期間，我聽了她訪問陳阿公的《深溝講古》，阿公說以前深溝起起伏伏，不似今日這般平坦，那時候村莊很美，他一直到現在還會夢見彼時的庄頭樣貌。我已經許久沒聽廣播了，聆聽陳阿公如涓涓流水般訴說著，耳語清晰，字字句句就像在耳邊說話，我突然理解，或說想起了廣播的獨特魅力。而在大米眼中所詮釋的廣播，更蘊藏了長者陪伴，就是廣播作為一種載體，一種看似已走入末日黃昏的大眾媒體，在即將凋零的農村卻是難以取代的重要陪伴。

採訪的底氣

若說在台北的出版社從事編採工作，與來到宜蘭農村重操舊業接案採訪，兩者有何不同之處？我覺得關鍵在於「底氣」。

二十六歲那年曾到花東採訪一個多月，每隔幾日就流浪切換到一座縱谷或海岸的小鎮，掠過形形色色的人與他們的生活，站在那些飽含歷練與厚度的生活面前，總覺得自己像尚未著根隨風飄蕩的蒲公英，當時上班下班生活仍在父母的羽翼之下，回到家就有母親煮好的飯菜，家中事物一應俱全。

遷居農村後，我拾起鋤頭開墾種地，學會將初生小雞飼養到能夠下蛋的成熟母雞。我會隻身到林子砍竹取材、到山裡採土採花，操練基本的木工修繕與裁縫修補，懂得料理製備食物與日常裡各種採買技巧，慢慢習得關於生活的技藝。

自此以後採訪有了底氣，在兩相對談的桌面下，彷彿有道隱聲側述：「我也是腳踏實地認真生活的一份子喲！我或許也懂得事物的本質了。」

談收入：
理想生活所需的金錢

出版在當今被視為一個近乎末日黃昏的窮忙產業，依舊待在裡面的人，你們好嗎？還快樂嗎？

畢業後首份工作是廣告設計，但因渴望看見更加寬廣的視野，一年後轉職到出版社擔任旅遊採編。隨著出版產值年年下滑，三十二歲那年移居宜蘭後，我並非從未興起轉行的念頭，但有些事情，並不是因為「它很賺錢」你才去做的，而是因為喜歡。我逐漸釐清自己無法只為了「最終目的」而投入某事，我騙不過自己，也為了曾經鄙視出版窮而心生離去的念頭感到慚愧。

我的月亮星座在雙子，性格裡有多變好奇的成份存在，這份「問之業」滿足了我對外界的探索驅力，那些各式各樣的人時常駐足在我的腦海裡穿梭來去，我感激行業裡每一位與我對話、教我事情的人。

知道了這件事在我生命中的意義，因此只要業界還願意發案予我，我會一直從業到變成老太太為止。我將採訪撰文設定為「謀生線」，將寫書視為「理想線」，因為是理想，所以收益多寡都是附加的，我看重的是創作抒發的歷程。

內心充實滿足了，那麼物質生活足夠嗎？算一算移居宜蘭從事文字工作邁入第十年，平均每月收入約莫兩萬元。很少嗎？但我竟是這般甘之如飴，我並未花很多時間在工作上，每月僅用一半的時間投入工作，如此領受一半的經常性薪資，好像也合情合理。

自由工作者每年每月的接案節奏都不同，端視業主發案的頻率與各種機緣。以我的情況，平均下來，每年約接到一本採訪專書，稿費八至十二萬，取中位數十萬元；平日與各家雜誌合作，單篇稿費均價五千元，每月若採訪一兩篇，一年至多有十八篇，共九萬；其餘出書版稅、副刊、演講費等，各年平均下來約五萬；如此構成年收二十四萬。

我與伴侶共同分擔房租、水電、伙食與日常採買，再加上個人開銷與保費，每月基本支出約一萬三千元。低開銷生活型態的背後原因，或許是農村房租不高，加上自耕自食降低了伙食費，也可能是我的物質慾望本來就低。此外，由於業主會負擔外縣市採訪的交通費用，降低了我透過工作延伸的旅行預算。因此每年收入扣除支出，尚有餘裕投資，創造被動收入，且隨著被動收入逐年提高，案源充足與否的壓力也逐步下降。

關於工作的時間，單就一篇採訪稿，備訪約兩小時，正式採訪含交通車程一日，撰稿我會分成整理底稿（備料切菜）二至三小時，以及實際完稿（開火炒料）四到六小時，合計約兩個半工作天，以月收兩萬元計，每月平均工作十日。

那麼另一半的時間拿來做什麼？我花時間料理三餐，認真對待飲食這件事；每日練習瑜珈，感受身體的細微變化；在榨乾腦汁完成文稿後，我去菜園感受植物的氣息，也經常去家附近的山林散步，或趁日落前在農村小徑騎單車，我真心喜愛這些淡泊恬靜的時光。

生命有限，賺錢有度，節制工作在人生裡所占據的時間，創造閒暇與自由，始有餘裕體察萬物，探索與創作。

春遊：九份日記

平日傍晚六點多，許多店家已拉下鐵門預備打烊，瞄見一店鋪地面趴臥了四條老狗，每一隻都飽滿肥碩。想了一下這兩天爬了許多階梯，遇見許多貓，穿梭在曲折小巷卻幾乎沒有衝出來吠叫的狗。好像陡峭的聚落住的多是貓，狗的膝關節因不宜上下樓梯，多分布在廣坦之地，於是貓是垂直的，狗是水平的，住在山城的狗懶得爬梯。

稍早天色還亮，循著九份國小旁的崙頂路來到天公廟，從海邊吹往山城的風，將雲霧向上積攢在山頭，讓基隆山像是戴了一頂剪裁整齊的烏雲帽。望向遠方海面，基隆嶼在水氣朦朧間顯現迷離美感，與它對映的是水墨般遠中近三個層次的陸連海島，先是深澳漁港與象鼻岩，再來是八斗子，最遠方的白色拱橋是和平島。晚餐後眺望夜裡的聚落，昏黃的路燈映照陡直的階梯，遠方海面點起盞盞漁光，在大疫年間的九份顯得格外寧靜，屬於居民的晚間九份傳來垃圾車的樂音，為搭配狹窄的街巷，改裝後的迷你版垃圾車幾乎與路同寬，在基山街上蜿蜒繞行。迷你的垂直的城。

清晨微雨微涼，屋外傳來五色鳥哆哆哆的鳴音，陡直的豎崎路有三三兩兩的學童拾階而上，喘呼呼抵達聚落裡最大的人造平地——九份國小，除此之外街道空無一人，無人的阿柑姨、無人的阿妹茶樓與昇平戲院，山城還在睡夢裡。

早時七時多，從豎崎路陡下數百個石階來到輕便路上的理髮廳，理髮的阿婆已開店，正在收看民視《台灣傳奇》。身材嬌小的阿婆見有客人到來，迅速挪開腳上的拖鞋，換上足足有五公分高的黑色厚底鞋，如此才能構得上客人坐在理髮座椅上的高度。她直覺我們不會想看《台灣傳奇》，就拿起遙控器轉到新聞台；看在一旁等候的我選的木椅太淺，就叫我換深的比較好坐；認為要剪髮的 TN 會怕熱，就把理髮用的花色披肩罩住風扇並夾起固定。她注意到了一切細節，雖然我們其實不介意。她在 TN 的鬢髮上撲了些痱子粉才開始剃髮，白色的粉末間雜在黑髮上，一瞬間他像是邁入中老年的人，然後阿嬤接續持刀修剪，最後將剃刀在牛皮上來回磨了幾下，將眉毛剃齊，一共收費一百七十元。

在九份穿梭小巷，記路無用，只能像登中級山那樣辨認方位。於是低矮的民房成了芒草林，水平的街是沿等高線的腰繞路，階梯是之字地形，鞍部是聚落所在。山城近似立體的迷宮，是兒時畫鬼腳的紙上遊戲。

早年九份家家戶戶會趁夏季替屋頂鋪蓋的油毛氈重新漆刷黑色瀝青，用以隔絕多雨多濕的天候，剛漆好的屋頂在艷陽烘曬下，使得夏日空氣常瀰漫一股柏油氣味。這兩天穿梭在階梯與小路，少部份房子仍維持早年黑紙厝的模樣，或許是這樣，九份帶給我的色彩印象是內斂的黑灰調。回來宜蘭後覺得蘭陽平原是青綠色的，稻米收割的前夕這綠中還帶點澄黃，風土形塑了地貌，形塑了一座城市一種氣質。

春遊：兒童節快樂

隨 TN 一起返回彰化家鄉，圍聚在餐桌時兒童說，我本來想屬老虎的，或是龍（想是比較威風的緣故）。我們笑說這不是你能選的，他心有不甘看向他的母親：「吼～馬麻你為什麼要幫我選猴子啦！」

兒童七歲，有個四歲的妹妹哈娜醬，連假前夕帶去芳苑看招潮蟹，海風大，被包成像青蚵仔嫂。在海堤散步看到路上的油漆字樣，她會伸出小小的食指跟著比畫（雖然她站到了字的反向）；看到麻雀會飛奔撲鳥。她像川島小鳥攝影集裡充滿野性滑稽的未來醬，小小的身影在自己的世界自得其樂。

早晨睡醒的時候，兒童會來找我玩。兒童有幾類玩具，扮家家酒煮飯類、海洋古生物類、軍兵類、汽車類、積木與骨牌類，還有一顆棉花有些迸出的皮球。連續陪玩了幾日我略顯疲態，他們說其實可以不用一直陪小孩玩，累了可以去休息，這才發現原來貪戀玩具的是我。阿嬸我真的好久沒玩玩具了，鄧氏魚的造型好好玩，那些車門可以打開的鐵製小汽車好好玩，用積木蓋停車場好玩，丟接皮球偶爾來點小變速也好玩，假裝點菜付錢有一點好玩（但久了會膩），其中設計機關大家一起完砌大型骨牌更是好玩之中的好玩。

某日午後他們沒有午睡，斜陽映入昏黃的客廳，大人們整齊地沉入午睡的甕裡，我從睡夢中甦醒，空氣中有股溫煦飄忽的氣息。他們像藏在暗處的 Zombie 聞見血肉之軀再次撲了過來，我恍神停頓了幾秒，再次走回房裡拿了指甲剪，逕自蹲在垃圾桶旁開始作業，此時他們竟全員定格全程安靜看著我把十隻手指逐一剪完，最後妹妹終於忍不住開口問：「會痛嗎？」（原來妳在看我剪指甲時想的是這個！）

兒童怕輸，有次妹妹跑輸我跟哥哥時，突然像累積很久了一次潰堤，昂揚的哭聲夾雜鼻涕，絮絮叨叨埋怨我們何以要跑這麼快；七歲的哥哥疊疊樂贏了一次就不想玩，他想永遠停留在勝利。又一次只是單純在玩，我們說「不然怎樣怎樣就算輸。」他突然感到憤怒說道：「為什麼什麼都要比賽，輸了又怎樣！」是啊，為什麼什麼都要比賽，輸了又怎樣。

兒童節快樂。

Chapter 2 夏之夢

夏日的生活氣味充滿動物的野性詩意，
有菜園遇見的鳥蛋鱉蛋、小徑上的蛇與竹雞，
還有拾來的棄兔、夢中的雲南象。

夏日的工作視野記錄了花蓮訪馬日記、
基隆午夜的崁仔頂，
並以小雞老師的身份到校園演講、
到東莒島上駐村。
夏日的旅讀躍入了沁涼大海，
在澳底、南方澳與魚同游，
並來到遙遠而奇幻的恆春半島旅居一個月。

Life
生活氣味

受盡譏讒也要堅守信念！

我所住的小村鄰近蘭陽溪，在溪流灌溉溝渠的兩側，是村人耕作的地方。鄰居阿姨借了一塊菜地給我，而願意將土地託付給一個外地人的原因在於，我們的耕作理念相近，都是無農藥、無除草劑、無化肥。且不僅於此，有時我連有機肥料都嘗試不要這麼理所當然地大肆施加，然後也特地保留了幾種匍匐型態的野草，試圖找到萬物共榮的模式，探看作物自身韌性。

在青澀與老練之間，農作的台式色票

因為上述這些嘗試，讓我的菜園夾處在一排有著幾十年資歷的老農之間，顯得格外醒目。就拿玉米來說，一旁阿嬤施加化肥的玉米葉呈現穩實的深綠色調，莖幹粗壯，且老早就開花預備結穗了；而我的玉米葉卻是清淺的草綠色，那份老練的辣勁與懵懂的青澀座落在渠岸之邊，形成一種視覺上的強烈對比。午後踩著腳踏車的阿伯經過，總按捺不住搖了搖頭，隔著幾尺寬的水渠大喊：「妹妹啊，妳那個玉米要施肥啦～看看旁邊人家的，要有收穫就要有付出啊！」但我無所動搖，謹守著內心的倔強，也向鄰人喊回去：「阿伯，我在做實驗！」他再次搖搖頭，自討沒趣離開。

仔細端詳阿嬤與我的玉米葉，那色差果真明顯。在日本傳統色票中，每種顏色都有自己專屬的名字——水淺蔥、朱鷺色、黃櫨染、梅鼠色、木賊色、澀柿色，這些以動植物為底氣的色名，名稱本身就自帶一股雅緻的視覺意象，且那分類之細膩，總覺得顏色本人倘若知曉，肯定覺得備受禮遇吧！回到耕作這件事，如果農作物也有它們專屬的色票名，或許也能按照不同農法，依序列入一些像是「頭好壯壯重肥玉米綠」、「飽受譏讒無肥玉米青」，茄子葉色亦有諸如「風中殘燭茄葉紫」、「嗜肥猛茄暗紫系」等層次差距呢！

透過拾荒與採集，讓萬物皆有用

長年的經驗積累，資深的江湖老農手邊自有一套慣用資材。在這道沿著渠邊開闢、成排地宛如架上一本本書目的菜園行列裡，農村爺奶習慣以銀黑布將行走的畦溝與畦邊鋪好鋪滿，畦面則蓋上一疊厚稻草，讓惱人的雜草幾無生存機會。反觀我的菜園，許多時候作物被埋沒於草叢間，偶爾還能瞥見幾樣自行發想的設計物，像是為了防止非洲大蝸牛啃食菜苗或瓜苗，我將蓋雞舍多餘的黑色籬笆網圍成筒狀，外面罩套用剩的絲瓜網袋，以鐵絲下釘固定；又或者人人嫌棄的雜草，都一一被我蒐集而來作為珍貴的覆蓋物。

銀黑布輕薄易破，時常在耕作幾季後，就碎裂散落在阿公阿嬤的田間。由於菜園是露天的、是餐風宿雨的，任何物品放置其間也遲早是要變舊變髒，於是投入耕作以來，我養成了拾荒與採集的習慣，每當需要什麼田間資材，我會先思考能否從自然環境裡取得，或是家中、附近的資源回收場是否有類似的替代品，想讓現有的物質能充分被循環利用。因循這樣的理念，我在家附近那座小廟後方、地方居民集中資源回收物的場地，找到了廢棄的批土桶作為盛水桶，也撿了塑膠網籃製作雞屎及廚餘堆肥。此外我也會將家中的果皮菜渣直接均攤置放於菜畦上，那會吸引小蟲與微生物躲在這些有機物底下，小蟲再引來大蟲，土壤因而變得生機活絡。

冬季在室內柴燒的草木灰燼，帶至菜園與土壤攪和能增進鉀肥；每年春夏晴朗之時，我會到山區步道蒐集鬆軟的腐葉土，作為育苗使用的培養土；放了半年發酵完熟的雞屎則作為土壤基肥。當你實際貼近土地而生活，沒有任何事物會被浪費，萬物皆有用。

遇到問題，先退一步再著手行動

只是啊，這一切真的很慢、很慢。比起隔壁老農，我的作物始終以龜速成長，我必須要非常有耐心才能守候它們長大。我雖然知道蝸牛來了，施灑蝸牛藥最能快速見效；或每當植物如定格般停滯生長了，施以重肥就能立即見效；而那些可能瓜分掉土壤養份的雜草，採以全面防堵的攻略最為保險。可是啊，無論如何我都想再多方探試各種可能性。

如同手忙腳亂的新手媽媽，面對無法以語言表述需求的嬰兒，必須費盡心思猜想他們的需要；與眼前這些沉默的植物打交道時，我也時常要揣測它們究竟要什麼、哀哀著在索求什麼。後來我習慣遇到問題不先一頭栽進去了，而是往後挪退一步讓心安靜下來，觀察無聲的它們想訴說什麼，之後才著手行動。

秉持這樣的信念，當我發現秋葵苗的生長何以石化不動時，我翻開覆蓋在植株周邊的乾草，才發現山土鬆軟輕浮，隨著山土移植來此的幼苗，當大雨將山土沖刷殆盡後，根系竟裸露而出，於是我著手覆土，終於盼到秋葵回神，逐日茁壯。

起了購物的念頭時，先退一步，想想有無替代品；身體發出了小症狀，不急著吞藥，先退一步覺察身體部位的細微感受。就像那些靜默的植物，我們一直看，總會看出些什麼。

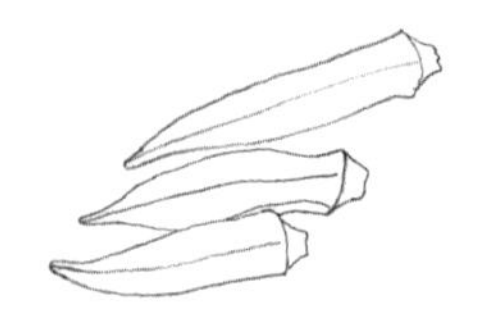

無關收成，坐看生命成長即是喜事一樁

由於種在菜園裡的作物日日都在變化，時常忍不住每天都去察看，但通常在密集的頻率之下，往往看不見生命的細微變動，於是偶爾會刻意緩衝著、按捺著不見面，憋忍到一場大雨過後，再一口氣探看作物拔足的成長。

豐收以前，每一次撼動人心的成長

過往我總以為，耕作所獲得的喜悅，主要來自於豐收，後來發現收成的當下固然可慶，但其實在耕種的各階段皆有不同形式的快樂，當然其中也有苦勞與忐忑不安的心緒夾雜。前期播種後，心心念念的就是種籽是否能順利發芽，一旦看到嫩芽迸出，心就安了大半。熬過了苗期緩慢的生長曲線，過了某個無形的檻，作物始有顯著的躍進，但此時農人仍不得閒。南瓜得在母蔓八節的時候摘心，以促使子蔓生長；玉米容易倒伏需要中耕培土，毛豆在子葉以下也最好培土，長勢才會強健；茄子過多的側芽要去除，以免葉片過於茂密容易得病⋯⋯，林林總總關於農耕的知識——適播月份、何時摘心、培土、除花、除側芽、施肥時機，交雜著家庭菜園繁雜多元的種類，彷彿一種作物就是一門技藝。

春夏耕作還面臨雨水是否豐足的問題，接連著幾年春雨少、夏季颱風過門而不入，緊鄰蘭陽溪溝渠的菜園，每逢傍晚鄰人們就像約定俗成般，從原本蟄伏的屋穴紛紛往渠邊挪動。阿嬤用竹竿連接水瓢所製成的長柄來澆水；大叔手持紅色的塑膠灑水器循著石階下至渠邊勺水；另一位阿伯帶來了抽水馬達直接打水灌溉，我則在水桶兩側繫繩，像古人打井水一樣取水澆菜。眾人方法不同、習慣不同，但共同的心願都是期許作物在茁壯之前，能不被炙熱的豔陽打敗。

在這一連串培育的心思、體力的勞作之外，穿插其間的快樂，是我們隨著時間遞嬗，但見一股從土地迸發開來的生命力，就是當一顆種籽撒播入土，它們就真的發芽成苗，然後從一顆種子長成一株玉米，再長成一片玉米森林那樣的不可思議。一天天伴隨作物成長、開花、結果，農曆年後砍竹搭設的四季豆棚已爬滿綠葉；南瓜將地面覆滿了墨綠色的瓜葉與捲藤；玉米歷經了兩個月的生長期，植株頂端終於開展花穗；而上一季栽種的青蔥也在初夏盛開繖型花序。此時無關收成，純粹坐看生命的成長蛻變，本身就是一樁悠悠淡淡的喜事。

從野地迸發而出的生命力道

埋首在田間勞動還有另一種更具力道的驚嘆，那是在植物之外，各種鮮活動物所留下的信息。清晨造訪菜園，偶爾能瞥見兩隻花嘴鴨在溝渠覓食，那野生的、肥嘟的鴨子，一靠近便憨憨起飛揚長而去；而夜幕即將低垂以前，菜園旁那片竹林總有特定的竹叢特別受到野鳥青睞，牠們發出婆媽之間細瑣爭執的鳥音，啁啁啾啾預備卡位夜棲。

還記得早春三月移植到菜園的南瓜苗，再去探望時幼芽已被攔腰折斷，一旁像信號般遺留了一顆淺橘色的球，因為這球實在太圓太工整，彼時我揣想倘若不是動物卵，許是早年耕作這塊地的人所遺留下來的塑膠玩具。隔了幾天我帶來新的瓜苗，準備就地將泥土鬆開植入其中，才發現地底下還埋藏了好多粒圓球，回家仔細查閱才知竟是鱉蛋。一想到鱉媽媽從鄰側溝渠緩爬至此，小手一揮移除了礙事的瓜苗，接著耙開我替牠墾過的鬆軟土壤，留下一整窩宛如玩具般的鱉蛋，便打從心裡對這份交錯而過的生命光亮感到欣喜不已。

巢裡的鳥蛋，與夏日的涼拌毛豆之間

另一回關於生命的驚嘆，是我欲將園裡最後一條菜畦的雜草除盡，準備種毛豆，我甚至連八角醃料都買好了，滿心期待收成以後要來製作涼菜。隨著逐漸高升的地溫，正當我低頭穿梭在已然木質化的咸豐草莖之間揮汗勞動，突然眼前出現一窩鳥巢，五顆完好的鳥蛋，滿布水彩疊色般的細膩花紋，安躺在碗型的乾枯草料裡，一時之間原本發燙的臉龐、汗濕燥熱的身體趨於沉靜，鬧哄哄的勞動節奏有了緩滯的出口，出神望著眼前這窩鳥蛋。

牠們是白腹秧雞的蛋，那個時常戴著白色面具穿梭在農村田埂之間，害羞又靦腆的水鳥。可惜的是，由於周圍的咸豐草已被我除去大半，隔日再訪時，巢穴已空，徒留一顆鳥蛋掉落在旁，或許因為遮蔽物盡失，鳥蛋被野狗吃掉了。

涼拌毛豆與白腹秧雞，這是一道單選題嗎？如果當初不曾開墾這條畦，所保留下來的雜草就能替野鳥提供遮護了吧！這讓我想起在全球新冠肺炎疫情最嚴峻的時期，人類因減少移動躲在家裡，各種野生動物因此紛紛出籠，甚至跑到人類場域逛大街的新聞層出不窮。即便耕作所採行的農法再如何貼合自然、如何友善土地，終究仍屬於人為活動，可能自始至終都與動物的生存環境兩相衝擊。

厭世季節裡的一片綠洲

初夏是個什麼樣的季節？來到鄉村以後，初夏對我來說其實就是「逃亡的季節」，這麼說來可能有些厭世，可事實卻是如此。當天氣逐漸轉熱，緊接而來的就是蚊蟲變多，人們尋求蚊香與捕蚊拍的庇護，然後就寢之際逃亡到蚊帳裡。此外，我所居住的平房，南面在早期設計上並未開窗，南風不來，來自地底的暑氣逼人，初夏以來每日都在心頭盤算是否該打包筆電直奔圖書館吹冷氣，且通常正午前若沒順利逃出，當天就毫無機會了，因為你會連逃走的最後一分力氣也喪失殆盡，直接融化在屋裡。

包租公的喜悅之情

宜蘭就是這麼一塊悶熱的鄉土，濕氣與暑氣相互蒸騰，人們無所遁逃。可炎炎夏日，再如何百無聊賴，跳上單車往菜園去，便是少數還能燃起興致的事物。一路靠踩踏的速度汲取些許涼風，一面期待收成，去那座夏日沙漠裡的綠洲。

時間往回推數個月，通常農曆年後最是勤快，將前期的作物陸續採收，接著鋤草、翻耕、播種、育苗，待一切完成後，等到初夏只要負責當收租的員外即可。一般最老實的初夏三兄弟：茄子、秋葵、長豆，必會定時定量乖乖獻上收成；然後是九層塔、刺蔥、韭菜等辛香作物，還有皇宮菜、地瓜葉這些採了又長、長了又採如聚寶盆的野菜，源源不絕贈與你食物；許多忍了整個冬季在初夏終於憋不住的熱帶蔬果也常在此時一併交租，芭蕉開展它巨大奔放的穗狀花序，百香果盛開一朵朵奇豔如時針的紫色花漾，盼了兩年的鳳梨也終於結果，身為員外只要翹起二郎腿，一手捻八字鬍一手盤數作物，欣喜即形於言色。

豐饒繽紛的夏日餐桌

初秋播入土壤的種子與移植的菜苗，在農曆春節前後依序豐收；而早春種進土裡的作物則是來到初夏收成。因此每年十一月到隔年二月，以及六月到七月初，是一年之中不太需要上街買菜的時節，甚至還得花心思料理這些多到滿溢的作物。

多產的茄子、秋葵性味寒涼，而長豆只要稍不留意，晚了幾天收成就失去採收適期的脆度。年年站在這些盛產的作物跟前，時常要想方設法找到合適的食譜來料理食材，後來發現以泰式紅咖哩或綠咖哩，佐以椰奶來燴煮時蔬，辛性可中和茄與秋葵的涼性，燴煮的過程也讓長豆「不夠清脆」的特點不再是缺失，滑順濃郁的醬汁讓三種原先個性迥異的蔬食和諧共融。

而同樣在初夏盛產的蔬果還有野生種的圓果小番茄，當南部美濃的橙蜜香沐浴在冬陽之下順利由青轉紅，宜蘭則因秋冬陰雨，多半把番茄養在溫室裡，以避免植株因淋雨潮濕而感染番茄界的香港腳——「青枯病」。因此在宜蘭種番茄，若不願是傲嬌的溫室品種，最適宜栽植這種野性強悍的小番茄，它反常地不怕雨又多產，且當夏季腐落的果實掉入泥地，待秋季來臨時還會自行萌芽，成為菜園裡天生天養的野化作物。

豐收的小番茄涼拌沙拉或炒蛋之餘，我也會添糖以中和其偏酸的風味，再添些蓮藕粉收汁熬煮成番茄醬。而同樣製成醬類的還有春末夏初綠意盎然的九層塔，葉片洗淨風乾，佐些堅果、起司粉與橄欖油打成泥，即可製作青醬。小番茄與九層塔，這一紅一綠，是春末到初夏最閃亮的組合。

走入日常的曠野滋味

倘若植物有其性格，對比珍稀嬌柔的品種，我更偏好性格堅韌無所欲求的作物，而這些作物正好都有幾分部落血脈。

我時常會憶起採訪工作時第一次認識它們的地方，比如在港口部落看見民家廚台上剛採摘的四角翼豆、在奇美部落夜宿竹屋的傍晚遇見路旁的樹豆灌叢，還有爬山遇見的野生紅刺蔥，而這些之於自己曾如遠方異地的曠野滋味，如今竟也悄悄走入日常風景裡。今年春天甫於園藝店買來的刺蔥苗，隨著氣溫漸升，初夏時已長成比我還高的大樹，我將它的頂芽摘除，不消幾日，每節羽狀複葉與莖幹之間又逕自萌發側芽；然後一般在清明節播種、於年底採收的樹豆，因我每年刻意留下晚生的種子，於宜蘭在地馴化了三年過後，已從年底延宕至春末結莢，巧妙避開了秋冬連綿的蘭雨，避免豆莢在樹上潮濕發霉的困境。

部落族人說：「風起時，當樹豆的豆莢發出沙沙聲，就是採收的好時機。」頭幾年我的樹豆仍在冬季結莢，得趁豆莢由綠轉黃之際提前採收，今年結莢被馴至春夏，待薰風徐徐吹起，我終於也能聽見枯褐色的豆莢裡，那一顆顆豆子因曬乾而發出的沙沙細語。

燉了一鍋樹豆刺蔥雞湯，仍在電鍋悶煮就傳來一陣陣刺蔥專屬的清香，待開鍋後則是樹豆帶來的濁白色湯頭。刺蔥與樹豆，自部落而來，寄屬曠野的滋味，初夏的溽濕因種種的食物而豐潤起來，好像也沒那麼厭世難耐了。

白帶魚

午夜 TN 帶了三尾從磯岸釣來的白帶魚，
銀白色的身軀竟比月光皎潔，
透明的背鰭成片波動，
有著鬼一樣的牙，
牙籤一樣的尾巴。

想到不久前，
牠們還在洶湧的暗海夜游，
而現下就在眼前，
從海裡捕上來的神秘美到哭。

收割季

串鼻龍開花，野生蓮霧結果，
阿勃勒盛花期剛過。

過山刀在收割的水田趖過去，
紅冠水雞在乾裂的田裡覓食，
白腹秧雞正在過馬路。

收割完的空氣瀰漫一股草酸味，
跟果酸一樣是好的酸。

七月的員山

1

颱風過後又去騎同樣的小徑，樹看起來有種洗滌後的甦醒、砥礪後的重生，飽含溼度的空氣讓一切變得透涼，心也平靜無波。這樣的體感讓我想到那些年在山上工作，入秋後的第一場雨，山裡的人不多，偶有的時候也是隻身藏在傘下行路，柏油路上溼漉漉，夾雜潤透爛枯的葉片，那時候山上的樹看起來也是這樣堅忍，安靜與樂觀。

2

我知道出發得太晚了，但仍想在天黑之前騎一趟單車。兩隻竹雞從林子裡走出來，都已經步及小路中央了，見有人逼近又踉踉蹌蹌提起褲管折返回去；一隻紅冠水雞的巢落在田中央，四周稻禾已然收割，一切顯得那麼空白且裸露，牠露出肩膀坐孵巢中，像露出肩膀正在泡溫泉的人。向晚時分泡溫泉的鳥。

天空在不知不覺中變成靛藍色調，上弦月高掛空中引路，遠方朦朧間有高壓電塔、電線桿、檳榔樹與山稜的輪廓，再遠處有市區的聚落微光。在某些樹影幢幢的路段，搖蚊鋪天蓋地衝向臉龐、滲入鼻孔，撞打在手臂上有如針刺細雨。

3

彎彎山邊路近岩壁的那側植有成排山蕉，青綠色的蕉串夾雜一隻松鼠正在啃食，被驚擾的松鼠沿蕉葉跳躍，從這座蕉島跳到另一座，趾掌的小爪踩跳在葉面上，與葉的張力迸出葉的清脆。

4

七月的野生蓮霧已走入尾聲，渠邊幾株野薑花開，龍眼樹的枝條被颱風打落，連同果實一起被路過的輪胎碾碎，果殼迸裂露出透明薄白的果肉。

老人在山坳處耕作夏日莧菜、蘆筍苗、嫩莖萵苣，他在溝渠與菜園間往來澆水，他有隻像抹布一樣的老狗作伴，提籃裡手機播放的台語廣播則是他專屬的背景音。

夏日單車隨筆

電線桿上有小鳥，斜陽的逆光望去，
邊緣滲出金色透明的肚腹。

彎彎山邊路出沒一隻小山羌（的屁股），
鄰近有席墳，有座上層攀爬火龍果、下層放養番鴨的農園，
沿山的小徑綠蔭濃密，鼻間常有山的氣息。

夏日暗時六點，天色的魔幻時刻，
整個庄頭都在家裡煮飯燒菜，
阡陌無人，大地靜謐，
亦是我心沉澱的時刻。

夢一・雲南象

二〇二一年夏天，中國雲南發生大象集體北遷的事件，那陣子只要有空檔就追雲南象新聞，一想到深夜裡老象帶著幼象，在人類文明建構的城鎮、昏黃燈光底下，在空無一人的街道上漫遊迷走，就感到激動不已。然後每日都有各式小道消息叢出，先是牠們吃遍了村子裡六十幾株的芭蕉樹、吃掉成片的玉米田，還闖進民宅吃光玉米卻留下青豆仁；以及白日在曠野上側躺入眠，由空拍機紀錄了被擠挨在姨母之間的小象從中探出頭來之畫面；哪天又是誰偷吃了兩百斤的酒糟醉臥路旁；而這幾日的最新消息是象群在昆明一帶的村落徘徊不前，據說是為了等待一隻脫隊的小公象，牠們向幾里外的遠方發出吼音示意牠速速歸隊，但小公象似乎玩心大發不想回來了。

象群一路走，當局也一路疏散沿線聚落上千名村人，同時動員諸多人力監測紀錄、準備食物、挖掘象溝引導等事宜。面對地表上最大型的走獸規模遷徙，人類如螻蟻般四處奔走，並請來了一整排的渣土車作為擋牆，避免大象走進人口稠密的城鎮市區。新聞訪問了十來天都住車上、正在車旁盥洗的卡車司機，也訪問幾位村民，他們泛著紅通通的臉龐樂天說道：「農作再種就有了，倒是野象珍貴難得。」教室裡的孩童則是爭先恐後舉手搶答記者的提問：「老師說不能靠近大象，更不能投石挑釁象群。」新聞最後提醒民眾，大象看來雖萌，實則兇猛，曾有老婦在霧中下田，誤以為田裡有牲畜欲向前驅趕，不料被大象踩死，牠們的行進速度比人類快上許多。

他們說大象的記憶力極好，或許等到原居地西雙版納來到食物豐美的季節，領頭母象便會憶起來自家鄉的呼喚，調頭返往原生之地，但也因為擁有卓越的記憶力，官方不敢貿然使用麻醉槍將牠們遣送回保護區，倘若麻醉了一頭，其它大象看見是人類幹的好事，牠們終其一生都會對人類記恨，與人類為敵。

當局派了十多台無人機紀錄象群生活，追蹤牠們的行進方向。艷陽底下，一頭大象望見了投射在地面上的無人機影子，頻頻用牠粗短的象腳扒了扒地面之影，那畫面實在太調皮太卡通了，我鎮日對著這系列獵奇迷幻的報導又哭又笑。

瘟疫蔓延的六月天，夏夜的夢裡都是象。

夢二・拾兔記

在宜蘭撿過鱉回家，遇過正在過馬路的彩鷸幼雛，曾在客廳發現從溝渠上岸跑進屋裡的小螃蟹，雞舍也曾有流浪黑貓短暫住過一段時日，我知道這塊土地住著各式各樣的動物，但騎單車遇到在荒地裡的兔子還是頭一次。

從住家出發串連內城，再一路到大湖O型返回是我經常的路線。上周經過鼻仔頭時，突然在路邊野地發現兩隻幼兔正在啃草，屈身靠近一看，幼兔竟自己蹦蹦跳跳來到我的腳邊，順勢抱起來也很容易。野兔應是灰色，眼前花色的幼兔明顯是人為棄養，眼看天色就要暗了，不想牠們走進野狗的呼吸與車來車往的巨輪之下，索性拎回家。

黃兔兔剛來的時候眼裡有分泌物，上下睫毛沾黏在一起，十分嗜睡；黑兔兔則是吃貨，好似永遠吃不飽。本來掛心黃兔兔的眼疾，隔日一早猶豫著是否要帶牠去動物醫院，結果接近正午時分兔子突然抽搐一陣，側躺的身驅逐漸變得僵硬，在我眼前緩慢失去呼吸。我沒有哭，撿拾之際也約略知曉這是必然，當晚聯絡了朋友讓對方領去做獸皮練習，轉而將重心放在如何照顧好剩下的黑兔。

住在家附近的朋友兒子來看黑兔，他在我家門前拔了各式雜草供牠選擇，還調整了風扇的方向擔心兔子怕熱，前後玩了一個多小時，確認了心意想要領養。離去前我們把兔子擺在桌上玩，突然他說：「盈瑩姐姐妳背後剛剛有個白影跑過去！」我問他長什麼樣子，他說像穿馬戲團衣服的人，想了一下又說像柯南裡面的柯基。

小孩離去了，將黑兔一併帶走。睡前看了看黃兔兔的遺像，突然悲傷無法止息，好像從童年開始就對蜂蜜黃的動物沒有抵抗力，蜂蜜黃的兔、蜂蜜黃的雞、蜂蜜黃的貓，思念異常，這幾天忍不住的時候就跑去跟小孩借回兔子。然後偶爾想起那個馬戲團的白影，不如就當作是黃兔兔來過吧。

雲南的大象逐日 fade out，夏夜的夢裡都是兔。

訪 馬 日 記

《鄉間小路》是我合作多年的案主，雜誌早期內容以農業定調，歷經多次改版，目前主題已涵蓋生活農業、土地文化所延伸的各種元素，每次雜誌編輯 Line 給我的訊息對話框跳出來，我都有一種像拆解新任務般的興奮感。

這些年在《鄉間小路》訪過南澳的巡山員、花蓮阿美族野菜專家、生態插畫家、在南湖圈谷待半年的生態攝影師、在新竹香山觀察招潮蟹的達人、觀葉植物迷、基隆酒吧老闆、營養師、蔬食餐廳廚師……等不同題材。其中若接到與動物相關的主題，我的期待指數就會瞬間衝高。此回任務是到花蓮吉安採訪「台灣兒童發展協會馬匹輔助教育中心」的教練群，認識了這些巨大卻細膩的動物，返家後隨手記錄當天的觀察。直至今日，我的手機背景仍是花蓮的馬。

1

天空雲層降得很低，眼看風雨欲來，原先在放牧場的馬匹預備返回馬廄，教練牽著牠們排成一列像放學路隊的小學生。此時一匹名為毛伊的年輕白馬突然停下腳步，轉頭定定看向我與攝影師幾秒，教練指著攝影師的長鏡頭說：「牠很注意這個。」

2

鋪著木屑墊料的馬廄十分乾淨，幾乎沒臭味，一匹匹馬進到裡面休息，像剛到家的孩子會撒尿，只見教練手持長柄勺十分俐落地接住熱騰騰的馬尿，接得好就能省去更換墊料的頻率。

3

有訪客的時候牠們特別好奇，從V字型的欄杆探出頭來，靈動的嘴唇向四周偵查，有時鼻孔會突然噴氣，發散熱呼呼馬的氣息。

他們説馬會讀心，像女巫、像算命仙，在這裡工作的人都是赤裸的，心境上的赤裸。某天一名員工行經吊馬樁，裡頭馬匹見他一靠近就大動作向後擺頭，可是其他人走過都相安無事，原來這人那段時日比較急躁、情緒波動大，帶給馬兒的訊息太過強烈。

4

身為原野上被獵食、被虎視眈眈的動物，馬匹與生俱來相當敏鋭的感官，天敵來臨時甚至能不發出聲音，只需要一個眼神示意彼此，下一秒就群體逃亡。於是與人類接觸時，馬匹能透過人體微妙的荷爾蒙與激素變化，感知你心性的平穩或者躁進，進而做出反應。

這讓我覺得馬既神秘又恐怖，彷彿隨時都能將你看穿。但也因為這樣裸露的環境，在此工作的人們會力求自己保持平穩之心，透過馬匹的反饋覺察並進一步調整自我狀態。於是久而久之，他們逐步長成了沉穩溫柔的人，那份穩如山的特質僅是短暫相處便能感受到，這令我迷戀不已。

5

替馬刷毛，會刷下許多馬毛，馬毛摸起來出乎意料柔軟，我塞了一坨放口袋，採訪中途拿出來回味卻忘了放回口袋（扼腕）。教練說有些孩子會用戳針做成馬毛球隨身攜帶，以局部替代整體，彷彿這隻安靜巨獸一直陪伴左右。

馬背上的空間感我尚未經歷過，據說馬匹的步伐會讓人類分泌腦內啡，因而感到平靜愉快。當你真正放鬆身體與馬匹行進中的韻律合而為一，那便是人類經驗中少數能夠體會成為四腳動物的時刻。

離開花蓮已一星期了，這段期間看見小馬的照片會激動泛淚（僅限小馬），不知是何症頭。三千字的採訪稿交出去了，闔上筆電，夏夜的夢裡都是馬。

崁仔頂之夜

工作的緣故，於夏日午夜造訪基隆崁仔頂。整條亮晶晶的漁市在半夜熱絡啟動，巷口還停了一台台冰塊車，隨時替漁獲冰鎮補給。

漁市所在的孝一路，路的底下為旭川，早年旭日東昇的那一刻，晨曦會將河面映成一片金黃。後來人們與河爭地，於旭川上方加蓋造馬路，但魚雜魚水仍順勢流入這條河道，久而久之底下的沼氣蒸騰，地方人士憂心終有一日，馬路連同其上的明德三連棟將會爆炸崩毀，然後當地還有一則都市傳說，流傳地底下的旭川似有清代棺木卡在其中，淤堵多時。

於是當天就被這類神秘的小道消息迷惑了，心思久久駐足其間。由於此次雜誌主題預計介紹各地的夜生活文化，因此一路採訪到凌晨兩點才收工，行經基隆港時，正好回望一眼旭川河的出海口，冰涼陰風從地下河流習習吹來，如此迷漾了一整晚。只是，後來寫稿時查找資料，基隆市府過去曾派空拍機進到河裡巡了一圈，裡頭除了地下河道什麼也沒有。

「什麼也沒有」、「什麼也沒有」、「什麼也沒有」，失落在心底迴盪，駭人怪物的幻夢瞬間裂碎。

小雞老師

相繼寫了兩本關於雞的書後，陸續接到幾場校園分享，這回到宜蘭員山的湖山國小，一座山腳下的小校。出發前一晚臨時決定要帶活雞去，選了隻最溫馴的母雞到校園，講課時牠安安靜靜待在紙箱都沒人發現，課堂最後十分鐘我才告訴他們有神秘嘉賓堅持前來。

移步至操場後，小學生呈現一種想靠近又害怕被啄的狀態，然後一轉眼發現幾個小孩圍在母雞剛剛待的紙箱挖啊挖，我驚訝竟然有人不去看雞而想在這裡幫忙清雞屎？結果是帶來的紙箱爬滿米蟲，小孩著迷於將米蟲放在掌心被雞啄去的瞬間。

幾次演講下來，發現他們看到小雞時期的照片會呈現母愛噴發狀態，講孵蛋與公雞交配的時候問題踴躍如暴動，然後聽 TN 吉他彈唱雞曲目的時候會突然沉靜專注，最後聽到眼前這人寫雞、夢雞、給雞取名之餘竟然還堅持吃自己的雞，就會下巴微掉外加一點崩潰。可是每回我都很努力想闡述，經濟動物是否也有被愛的可能？以及是不是有一種關於惡的思考，並不是殺牠、吃牠就是惡行，會不會在飼養的過程中對牠不夠好才更接近於惡？不確定四年級的他們是否全盤理解，但我很喜歡他們在聽了這些之後慢慢安靜下來，小腦袋裡好像咚隆隆轉了一下那樣。

大浦駐村日記

延續小雞老師的身份，從縣內國小、高職，到外縣市學校，一路跳島至馬祖離島帶領養雞工作坊。那年夏天受「大浦 plus+」團隊邀約，於東莒島駐村，期間與前來換生活的學員共同起居，緊密相處整整一個月，歷經了島上居民的熱情、馬祖在地的食物、海島螺貝的採集，如夢之夢。

離島同棲生活

一直想為同棲生活寫些什麼，卻難以下筆，怕寫了過度煽情，也怕文溢於情，但我總在清晨半夢半醒的時刻突然想起曾相聚在離島的人們，那些曾經過於緊密地度過一整個月，卻又在某天突然各奔東西的人們。如果說家人是在一個屋簷下共同生活的人，那我們確實當了一個月的家人，這段期間吃飯一起，洗衣一起，散步一起。白天上課蓋雞舍，共同撫養了一群小雞，晚飯後在月光稀微的露台上有一搭沒一搭閒話家常，有時趁傍晚餐前的縫隙到峭壁上的廢墟探險，有時在夜裡步行到福正聚落，有時只是沉迷於無盡的撲克牌。

因為長期習慣於獨立工作，日子突然從舒適圈連根拔除，拋擲到遠方的小島與一群人共同生活，在抵達的初期其實非常不習慣。太久沒有投入龐大的團體生活了，物理上的過於靠近，擠挨著一起煮飯、進食與工作，時常感到幾分侷促。後來人們來來去去，再怎麼慢熟也終於能下嚥了，隨著時間推行，一整束的人被析成一個個性格顯炙的個體，或許因為彼此的年齡與背景都如此不同，也才能造就這般有趣。駐村結束後回歸到熟悉的日常生活圈，隨日子一天天過去，那些曾經鮮明的臉孔也逐漸像海浪一樣，被洗退到更深更遠的地方。謹記得這段從弦月到月圓、再從月圓返回弦月的日子，並套句給小雞的話，世界之大，三生有幸遇見你。願大家一切都好。

食物記憶

食物可能是延續旅行記憶的最佳通道，回程前特地買了阿華姨的原味老酒，在南竿轉機的兩日也陸續嘗試兩家不同口味的老酒麵線，寄望在宜蘭重現風味。

對於東莒的食物印象最深刻的就是鯷魚與馬祖粽，適逢鯷魚盛產的季節，有段時間一起生活的夥伴會跟著在地人晨起去釣魚，一早就帶回滿滿的豐收漁獲。除此之外鄰人婆婆或叔叔也會分享漁獲，於是每天就是無止境的炸魚、烤魚、油漬魚，所幸一起生活的夥伴懂得料理，連續吃食並沒有膩感。

駐島期間也遇上了端午節，島上的阿姨、叔叔相繼送來許多粽子，這些像甜筒一樣狹長型的馬祖粽，外型有點可愛，如同島上人們的心意。

南風

六月中旬初抵東莒島，時值南風強勁的時節，夜裡，那座花崗岩老屋外的烏柏樹隨風搖盪，發出窸窣聒噪的碎語，連帶著木窗也跟著不停撼動，整夜難以成眠。

後來聽當地人說，馬祖在每年夏至前後會連續吹十多天的南風，隨後就會進入一段無風且悶熱的典型夏日氣候，那時要多悶熱就有多悶熱，而我竟然期待這樣的日子盡快到來。

關於大風，我想起曾於冬末造訪恆春的經歷，那是秋冬落山風的尾季，卻仍將隻身騎車的我吹得東倒西歪。為了順利前行，我一度按緊剎車，伺機等待強風的間隙空檔，催下油門偷跑幾步，彷彿與風玩一二三木頭人。那是我頭一次知道風可以這樣令人感覺無助。

而這樣一座在國之北疆的列島，與遠在國境之南的恆春，在地理與氣候上雖相去甚遠，卻在生活的細微角落顯露了雷同之處。大風是其一，大風所衍伸的生活習慣亦是。在這裡，台灣本島常見的三角衣架並不管用，這兒是用兩股纏捲的粗棉繩，將衣袖與褲管夾入其間，而上一次見證居民用這樣的方式曬衣，正是在恆春友人家。這是小島與半島，風大之地的兩相映照。

然而不同的是，秋冬季節由北向南越過中央山脈抵達恆春半島的落山風是乾燥的；而馬祖夏季來自南方、吹拂過台灣海峽的海風則滿溢濕氣。有時曬了一天的衣服縱使乾了，卻隱含海風挾帶而來的黏膩感，如同一整日那汗了又乾、乾了又汗的悶濕手臂。島上老一輩人也說，要去除這份濕黏，洗澡時只能用肥皂，沐浴乳在這裡是不濟事的。

駐島的期間南風時強時弱，卻始終未等到那全然無風的日子到來。日子一天天堆疊，某個清晨在每日都會送至門前的地方報《馬祖日報》讀到：「夏至南十八暝，今年西南季風狂吹近一個月。」原來這年的南風特別眷戀此地，這是連在地老漁民都感到罕見的氣候，他們說，那時段之長，彷彿在一年之內來了兩回的夏至南。

潮間帶

在東莒駐島整整一個月，行程最末來到南竿住一晚，夜裡在飯店潔白的床上夢見了一起在大浦生活的人們，返回宜蘭後又繼續沉睡，午後也造了相仿的夢。

跟 TN 說我正處於潮間帶，那個從海洋返回陸地的灰色地帶，像草原與森林的邊緣，任何一種形式的交界總是物種最多樣的豐饒之地。這兩天夾雜著島上的記憶，一面整理旅行後的雜物、返台後的工作、宜蘭的日常家務與連月荒廢的菜園，心緒滿滿亂亂的，如同海陸之間的潮間帶。

談閒暇：不工作的時間

每年初春及初秋，前期的作物陸續採收完畢，來到了菜園最需使力的時刻，除草、翻耕、施肥樣樣來。有時我花費好大力氣在翻弄那些土，灰頭土臉抬起頭來，望見樹風搖曳，村落寧謐，會突然冒出「我到底在做什麼？」的錯置感。我正值壯年，周間的此時此刻，與我同齡的人都在城市上班，我是否在虛擲光陰？我足夠努力了嗎？

當代社會將「忙碌」視為一種能夠炫耀的資本，臉書牆上人們抱怨近期馬不停蹄的會議、連續加班數日、熬夜撰寫的專案報告，喊累討拍的潛台詞裡夾雜著一絲工作者專屬的驕傲，「我工作，故我存在。」

接案的歲月裡，業主有時像約好似的同時趕著發案，有時又默契地一起悄然無聲，面對突如其來的空白，以往我會焦慮，覺得自己是否應該更積極開拓案源？可是，若進一步探究背後原因，倒也不是真的缺錢，就只是「不工作好像哪裡怪怪的。」

人們以閒暇為恥，恐懼無聊以及無所事事的時光，彷彿只有工作才是唯一具備生產力及意義的正經事。

朋友年輕時曾在貿易公司上班，面對好一段淡季，她敲打著 MSN 向我訴說那段時日的心情：「好像每天的生命都在空燒，軀殼被迫坐在電腦前裝忙。」自嘲就像是天天來網咖報到。

工作不是唯一能找到人生意義的途徑，在當代的我們，多數人所賺取的報酬已超過基本生活所需。工作流於假議題，而能夠為生活帶來踏實感的事物，以及能否從容運用自己的時間，或許才是解答人生虛無本質的真命題。

難得有這麼好的時間，我不要拿來焦慮。在悠長的人生裡，面臨到忙碌又身不由己的機會還會少嗎？我想在真正擁有閒暇的時刻，練習如何從容，如何取悅自己。

決心與「閒暇」正面對決後，面對這些宛如小退休的時光，我有著像童年暑假般可以大肆地、自由地運用時間的充裕感，安排旅行訪友是其一，多數時刻則是塊狀或帶狀的居家計劃——「菜園春耕計劃」、「無麩質飲食計劃」、「每日瑜珈計劃」、「每日喝足飲水計劃」、「居家修繕與雜物斷捨離計劃」……，以及過往每採訪一篇文稿就會獲贈一本當期雜誌，工作忙碌時根本無暇閱讀，趁此時將積累的雜誌一本本讀完、筆記，像海綿一樣吸收各種冷知識。

有些習慣似乎只能在空閒時打下穩固的基礎，當繁忙期來臨時才有機會被延續下來。空閒時我也會去電影院、動物園，並知道哪家餐廳的食物會令自己開心，因為度過了沉浸充實的時光，哪天工作又把我抓回去，想必能更加認命。

如何面對閒暇，在人生裡的重要性或許不亞於工作這件事。

談消費：提領快樂的複利

南韓導演李滄東的電影《燃燒烈愛》裡，女主角海美描述：「非洲布希曼人將人分為兩類，飢餓者（littlehunger）與飢渴者（greathunger），飢餓者是生理上的飢餓，需要食物與水；飢渴者則是對生存狀態求知若渴的人，不斷尋找生命的意義，在這些渴望受到滿足之前，我們都是極端空虛且不足的。」

耕作於我，好像同時解決了生存上的兩種飢餓。它產出食物的過程賦予我踏實感，除此之外，它協助我短暫抽離「注意力經濟」，並解決存在主義所談及的，人生的虛無與焦慮。

取悅自己、斬獲快樂，並非只能透過消費行為來取得，我們好像時常忽略了，踏實感也是一種快樂，且是更綿長穩定的那種。

主要開銷坐落在哪，體現了一個人最重視的事物。我的食材費占每月開銷近一半，並會因應當季菜園產出的作物進行食材選購。我不願勞動與時間孕育而成的作物被白白浪費，謹慎控管食材先進先出，冰箱鮮少有放到壞掉的蔬果。或許因為平常就對愛吃的食材不手軟，對 Fine Dining（精緻餐飲）的慾望不強烈，對難吃食物的容忍度也很低，像紀錄狂一樣牢記踩雷的店家及原因，畢竟都已經要外食了，請給我好吃一點的垃圾食物。

耕作以及對飲食的注重，讓土地盡其利，而獲得踏實感的另一面向，則是物盡其用。我會自己改造衣物、修繕居家角落、用木料製作堪用的傢俱，讓物品充分被使用，也經常在腦海中發想各種設計。當日常產生一項需求，會希望能優先運用現有物品來達成，而這之中需要些許巧思。

所謂節約，其實是更能理解事物本質的根本之道，以避開外界各種撩亂花招。我認為凡事講求風格是軟弱的，實用本身就是一種性格。

然而有些事物難以跳脫貨幣，它們是資本與金錢構築的塔，屹立不搖，比如：買房與出國旅遊。

買房在當今似乎已成顯學。不過對我而言，「擁有」似乎不是自己獲得快樂的來源，「自由」才是，因此當存款累積到一定程度，在資金只有一套的情況下，「買房派」VS.「投資派」，我選擇透過後者帶來被動收入，我不願日後生活被負債壓力追著跑。

沒有自己的著根地，將來面臨房東趕人該如何應變？若必須得搬家，我的確會不捨耕作多年的菜地、附近喜愛的自然步道，以及熟悉的生活圈，但一直以來，我其實也讓自己的生活型態更適於游牧，比如，有意識地精簡所擁有的物品，不購買多餘無用的東西；工作方面，長年經營寫作、文字採訪接案這些可隨身攜帶的工作技能；每日清晨的瑜珈亦是搬到哪裡都能持續的運動習慣。倘若必須再次移居，農耕技藝已烙印在身體記憶，耕地再租就有，除了三兩株無法一起搬移的果樹，短期葉菜要找到農村耕地並不難。有時我們也會討論，人生下一個十年想移居到哪裡？哪個縣市的食物比較好吃？哪個縣市共同的朋友比較多？雖然人生因為居住問題增添了不確定性，但其中也隱含了對未來新生活的期待。

至於出國，透過廉航、訂房網站、翻譯工具，出國的一切變得更加便利，好像不趁年輕多出去看世界成了一件可惜的事。韓炳哲在《倦怠社會》提及，二十一世紀已從十七、十八世紀傅柯所說的規訓社會，逐步轉型為功績社會。在功績社會裡，「我可以」、「我能夠」、「沒有什麼是不可能的」的信念迫使我們追求工作及各種體驗的最大化，我們站在眾多豐富選項的面前，若未能善用這些選項，彷彿就是一種遺憾。有時我會想，現代人頻繁的出國行為，會不會是因為賺取了超出自身真正所需的金錢，覺得「應該安排些什麼」而採取的行動，但這真的源於本心的慾望嗎？還是集體的暗示？當然，撇除資金充裕以及真心享受出國各環節的人，我或許只是不願花更多時間投入工作、賺取更多報酬，只想將餘力過好每日生活的躺平族。

搬到宜蘭前，我曾去過泰國及香港，的確開心，也多有衝擊。可是啊，與伴侶一起在熟悉的台灣細細探索，用熟悉的語言認識在地的風土食物、生態人文、地方腔調，都能成為旅行的刺點，那份快樂其實不亞於出國。

我們有時會替旅程中的動物取暱稱，時而遞延至往後的日常，形成莫名其妙的家庭流行語、怪腔怪調的垃圾話，毫無意義只是講來紓壓而已。

或許無關國內國外，一次的旅程能夠提領快樂的複利一輩子，去哪都好。哪天我對舒適圈感到倦膩，也覺得準備國外旅程沒這麼麻煩了，或許就是再出發的時機了。

夏旅：豆腐岬與澳底

每回在不同的潛點看魚，一定能見到熟識的生物出沒，也必定會出現幾隻以往從未見過的魚種。海洋遼闊，潮汐來去，從來不會帶來相同的事物；然而相同的是，每年夏天來臨就會想起了海，這是盛夏必經的儀式。

豆腐岬

游向珊瑚礁上方，懶洋洋不想動，感覺有東西在海裡輕撞我的腳，潛入水底一看，是隻全身黑色唯獨嘴唇塗抹白色口紅的魚。許是在護幼吧，其他魚靠近也一律驅趕。雖然你在生氣，但你生氣的樣子真可愛。

這天的海濛濛的，說是氣泡多的緣故。我在珊瑚礁岩縫間看到兩隻立旗鯛的成魚，發現人類在洞口牠們就一頭鑽進岩縫躲起來，唯獨牠們的小孩初生之犢不畏虎，一直溜出來玩，小小的牠看起來幾分古怪，角錐狀的粽子。

澳底

可以在一個地方看很久，看久了就會冒出新的東西。一群纖細的鱗馬鞭魚像集團一樣貼近海平面緩緩移動，總有一兩隻落在隊伍最末的，邊游邊斜瞄了我一眼，像想起什麼又趕緊把眼珠轉正，加緊游速跟上隊伍。牠們安靜，倏忽，神出鬼沒。

一隻滿布黑色圓點的生物從底下礁岩緩緩冒出，我以為夠長了結果還能再更長，一度以為是海蛇結果是鰻，我抬頭換個氣再潛下去，海鰻便消失無蹤了。

蝶魚又薄又雅，最是秀氣；有著長吻如「象鼻蟲」的是「染色尖嘴魚」；藍白相間呈漣漪花紋的是「疊波蓋刺魚」。近來練習用圖像記憶在腦海刻印魚的樣子，回家後立即翻閱圖鑑一一記錄，找不到的就上網搜尋關鍵字，於是一隻隻海洋生物如解謎般浮現答案。最後還剩下一隻像馬來貘半身白、半身黑的魚，找了好久都沒頭緒，最後答案揭曉竟是「半裸唇魚」，原來依據命名者的邏輯，那是「衣服脫一半」的意象。另一次是隻有著草間彌生酪黃色搭配黑色圓點的四方型生物，查閱之下原來是「粒突箱魨」的幼體。所以在海洋生物的命名脈絡裡，方型的是箱子，半身白的是半裸，我好像慢慢解密，或說解構了命名者的腦中思路。

夏旅：
南方以南，半島的日子

連續幾年夏天到東北角、南方澳浮潛，因著對南方熱帶海洋的渴慕，足足安排了一個月的時間到恆春半島旅居。恆春的日子，午後若在耳窩上稍微掏刮，常有白色的細末鹽粒，耳朵像潮池，曾經裝盛的海水蒸發過後結晶成鹽。恆春的日子，每日都會記得查閱風向、風浪、潮汐表，乾潮的時刻去探索潮間帶，小浪的時候去浮潛；吹西風的時候去面向東南的海灣，東風起時則來到面西的海灣。

畢卡索與獅子魚

倘若沒有將身體實際浸潤到大海之中，似乎無法理解海浪與海波的差異。浪有白色浪花，海波沒有，有時海面的起伏變得明顯，眺看遠處正好有漁船經過，層層的海波遞疊而來，那是沒有浪花的單純波動。在海灣游泳，有時也僅是橫向幾米的距離就有溫差，某處的海水格外冰涼，相隔兩公尺海水又變得相對溫熱，原來那是陸面上穿越高位珊瑚礁底下一道道的伏流入海，所帶來的冰涼淡水。海的多變讓我始終對其懷抱戒慎與敬畏之情。

在恆春半島的一個月，半數的日子泡在海裡，我特別喜歡那些無人的海灣，靜謐的潮池裡有乾涸的鹽滷、有被海浪拍打上岸的馬尾藻，陽光炙熱的時候就躲進內凹的礁岩底下乘涼。

大部份的魚類身體扁平，在海水表面俯瞰時，若有那種在底層游移、背部寬寬鈍鈍的，常是魨科。特別喜歡一種俗稱「畢卡索」的毒吻棘魨，它有砲彈一樣的身型，體表張貼鮮艷大膽且設計感十足的色塊線條。

另一回遇見獅子魚，提醒自己獅子魚有毒務必保持距離，但後來發現牠根本無意理會你，只是安安靜靜貼在海底緩慢專心地覓食。野外那些有毒的生物，比如毒蛇，我們總以為牠會像卡通角色那樣張啟血盆大口直衝過來狠咬你一頓，但日常生活會遇到的，或許只有狗會這樣而已。

蒙上神秘氣息的夜間海岸

台二六線從馬鞍山、南灣一帶起始，公路兩側種了許多台灣海棗，映襯在碧海藍天之下搖曳著南國風情。將車停在潭仔漁港，步行一段路來到海邊，沿線地面有許多海棗果實，它們像較小粒的紅棗，乾癟著散落一地。

有了白天的探路，晚飯後決定到眺石夜觀，那是一個濕度甚高的小潮之夜。日間曾經來過的海岸，在夜裡轉為全然的陌生，黑夜濾鏡讓一切變得緊張，腳邊傳來窸窸窣窣的細微聲音，夜晚的眼睛是耳朵，是用耳朵去發現事物的存有，那聲音來自一團枯藤，細看有許多小型陸寄居蟹在其間挪動。隨後往海邊移步，環紋金沙蟹將身軀藏匿在珊瑚礁岩洞裡，遠處礁岩有大型石鱉，沙灘上幾隻中華沙蟹正在橫移，此外還有幾隻模樣嚇人的蚰蜒、十幾公分長的蜈蚣。

TN 說要往海岸林的方向移動，我沒多加理會，只是繼續埋頭在潮間帶尋找生物。片刻後回頭向岸上照光，看見海岸林間一雙發光的眼睛，心想 TN 怎麼就這樣攀爬至林間，結果往前再移動幾步，「啊～那不是人，是動物的眼睛！」牠正在林投樹上啃食黃熟果實，米白色的腹肚柔軟，披掛黃褐色的毛皮，一度以為是貓，近看才確定是鼬獾，見有人逼近，牠離開樹梢躲進後方的珊瑚礁岩洞，在洞裡蹲守，張著牠亮晶晶的雙瞳。

熱帶的樣子：棋盤腳、毛西番蓮、過山香

海邊座落了幾株葉型茂盛的棋盤腳，青綠色像粽子的未熟果高掛樹頭，偶有幾顆成熟乾枯的謝落至地面，再滾落到港邊的礁岩處，隨陣陣海浪載浮載沉。海岸林下還常有毛西番蓮的野蔓遍布，摘取一顆黃熟的鮮果，指尖稍加施力，果殼迸裂開來，百香果的香氣四溢，它是一顆迷你版的百香果實，酸度不甚明顯，卻有野地專屬的清甜。

南方以南的植物相與北部大異其趣，除了棋盤腳，過山香也是具代表性的植物。某日在社頂公園附近找到一株，依憑對葉形的模糊記憶摘了一片羽葉搓揉，瞬間沙士糖的氣味撲鼻，吃過檳榔的人都說這分明是檳榔的味道，但我只吃過沙士糖，只能以此比喻。

恆春半島有相對南部其他地方更容易見到的過山香、有左旋的斑卡拉蝸牛；這裡不是我在宜蘭住家附近常見的白頭翁，此地只有烏頭翁；這裡少雨但多風，有許多事情與我日常所熟悉的相反，時鐘順逆，黑白互調，與家鄉布居在南北的兩側。

夏旅：
遙遠而奇幻的熱帶模樣

黃昏時，大尖山腳下常有成群的黃牛低頭啃草，南國溫煦的夕照映在裸露嶙峋的山壁與黃澄澄的牛隻身上，呈現一股視覺上的靜謐與金碧輝煌，是我最鍾愛的半島時刻。含括海裡的魚、仰望的星空，曾在月光下隆隆奔馳的梅花鹿群，也及陳達的故事與至今仍彈唱月琴藉此聊表生活的阿姨們，讓恆春半島成為人事時地物都同樣生猛的地域。周末夜裡我聽見遠處墾丁大街傳來舞曲的重音節奏，也覺得墾丁很台，螢光色的台，與恆春半島充滿自然野性的猛力兩相交會，都是南方濃濃的重口味。

大尖山下的牛，金黃色的魔幻時刻

綿亙的草原，大尖山像一顆突兀且孤立的大石「砰」一聲座落其上，若從地質形成的脈絡切入，它的確也是一顆名符其實的「飛來石」。山腳下廣植牧草，牧草豐美的季節，成群黃牛、布拉曼牛與水牛低頭啃草；當牧草仍未豐，牛群則集中在牛棚棲息，以乾草為食。我時常去探望牠們，隨著觀看次數增多，竟也看出些許趣味。比如說，群體裡總有幾頭牛會特別注意到人類，牠們從遠處踱步而來，不發一語只是直勾勾定睛看著你，而這之中，小牛總占多數。

又比如只要有一頭牛開始撒尿，身邊其他牛隻就會伸長脖子低頭來飲尿，然後公牛時不時就會相互頂頭、跨騎，一回較勁的力道過猛，柵欄裡原本趴在地面午睡的兩條牧牛犬激動起身，一邊吠叫一邊衝去勸架，而牛竟會聽勸，一陣騷動後又恢復往昔平靜。

無事之時，兩犬繼續安睡，一頭黑牛伸出它修長靈活的牛舌替狗舔刷背上皮毛，狗看起來很是喜歡，跨物種的友誼甚是溫馨。

棲息在珊瑚礁谷地的梅花鹿群

過往曾在東半島的水蛙窟短居數日，一日晚飯後走向住處前方廣漠的草原，迷幻的景象映入眼簾。起初以為是狗，卻是梅花鹿，數十隻抬頭警戒，瞬乎齊聲回奔，月光下鹿蹄聲隆隆，草地奔騰。為尋找記憶中難忘的場景，此行踩點水蛙窟、籠仔埔、埔頂草原，卻幾無所獲，過往的經歷總是無法複製。

TN 亦曾在早年於恆春半島進行野外調查，在兩造高位珊瑚礁之間的谷地遇見一群正在遷徙的梅花鹿，一行人原本專注採樣，突然感覺大地震動，遠處鹿蹄奔騰的聲音忽遠忽近，緊急往高處攀爬，讓路於獸。一日造訪墾丁森林遊樂區，在那些串連著不同景點之間的正路以外，我們見到了相似的地形，心一橫拐彎進入，彼此有默契地不發一語，周圍只餘雙腳輕踏在落葉上的清脆細音，沿途我見到幾十年前的黑面蔡塑膠瓶，以及各種充滿時代感的陳年垃圾夾藏在腐葉之間，一路穿越橫亙的樹藤，終於在谷地樹林間遇見一隻與我們對望的梅花鹿，清澈而呆萌的眼神相凝片刻，隨即就消失林間了。

平原上的恆春古城

一個月以來，吃食的時刻就往恆春鎮上找，我始終對這座活在現代的古代縣城感到奇異。細看四座城門，南門成了圓環；西門接穿了中山老街，來往的人車從城門底下川流而過；在相對開闊的城池東半邊，北門接穿了北門路，東門則沒有實際開放人車通過，而是把一旁的城牆打破，讓路通行。某日清晨將單車牽上城牆馬道，繞行大半個城池，一路騎近東門時城牆像陡直懸崖般戛然而止。其實不只這裡，整座城牆幾乎都維持早年的結構配置：僅外牆設有牆垛，面向城池的內牆則完全裸露，我一面為這份「不安全」深感驚訝，一面又覺得如此秉持原貌的歷史遺構顯得格外忠實。

又一日適逢周末，午後來到恆春城外吃冰，突然想起當天正逢南國生活節的活動期間，於是沿著北門外城牆的道路走了好久才到會場。從城外望看城內的感覺很奇特，明明樂音與人潮就在那裡，卻被綿亙聳立的高牆明擋著，繞了好一段路，但想像若恆春沒有城牆，那這裡也只是一片與他方無異的平原。於是百年來人們持續繞過那無止境的城牆、穿越那些過於狹窄的城門，在當代生活裡住進古人的城池。

住在當地的朋友問我是否會感到無聊。回想這段期間真正感到百無聊賴的時光幾乎沒有，對我而言好像每天只要有一件嶄新的事物就足夠了。就是每一回游泳所能遇見的海洋生物、潮間帶鬼鬼祟祟的裸胸鯙、警戒時會噴出紫色墨汁的海兔；以及石牛溪口叢密的陸寄居蟹，或在住所樓下遇見剛在學飛而疲倦到準備沉入夢鄉的烏頭翁幼鳥。即便是這些微小的事物，也足夠讓今天的恆春與昨天不同了些。

夏旅：鵝鑾鼻與海龜

鵝鑾鼻

隔年再訪恆春，入夜後來到鵝鑾鼻燈塔，抬頭望見滿天星斗，卻看不見四周地貌真正的樣子。遠方有隱約的稜線樹廓、掃射而來的燈塔光束、黑夜中流瀉的銀河，腳邊傳來草的氣息。

天蠍座大大的「J」高掛在天空，那是夏夜的圖騰印記，浮雲撥散後，北斗七星也露出完整的勺子。而後步往燈塔的方向，高處的燈室像寂寥曠野一盞精緻的水晶，珍藏在玻璃帷幕裡，環轉三束光照，密打漁人的暗語。

與同行友人在四周漆黑的椅凳上坐了好一會，看不見彼此的夜間談話最是清澈，正沉迷其中，突然另組遊客倉皇離去，再來是幾滴雨，隨後燈塔所在的上方坡地有一整面的雨束成排成列地掃過來。大地突襲，覆掠燈塔、矮牆與草地，覆過我們的頭頂上方，你聽得見雨從遠方走過來的腳步聲。

在夜裡逃竄，在心底沉澱一幅僅有輪廓線的景象。

綠蠵龜

隔日再去了海裡，遇見小隻的綠蠵龜，我原先是要游向東邊的，卻被海龜迷惑，在海裡的決定與去向時常瞬息萬變，被突然發現的事物所動搖。小海龜悠悠擺動牠的前鰭緩緩移動，在幾乎與牠平行的上方跟游了一段時間，直到牠加快速度，直到我跟不上為止。抬頭回望礁岸，好像自己被什麼蠱惑、被帶向了外海，人龜殊途，再怎麼渴慕海洋終究還是陸上的裸猿。

Chapter 3 秋之收

秋日的生活氣味是沉靜、內斂、文質，
並帶有中年感的愁緒與悵然。
（雖然沾附了中年的世故，
但菜還是要種、苗還是要買）

秋季的工作視野探見了昔日不曾留意的野生蕈菇、
嘉義的南方況味，
並咀嚼人物採訪的兩難。

秋日的旅讀來到府城及新營，

收起夏日的鼓譟，

靜心看了重返大銀幕的老電影，

再以日常田園經驗與吉卜力的兩部動畫交流對話。

Life
生活氣味

所有的七月是童年，所有的十月是中年

一年之中，約莫是五月之時，暑熱開始滲入，時序走進初夏，此時我的睡眠日漸縮短，時常天光亮起時也跟著一同甦醒。然後夢境慢慢變多，腦袋比冬、春兩季還要活躍，好像有什麼東西被激活了，思緒如菌增生。

夏日，如喧囂之童年

這份活力會蓄積至七、八月達到巔峰，隨氣溫一天比一天高，那股欲探索外界的熱切之情也越發濃烈。此時的菜園在六月春夏蔬果豐收過後，七、八月幾乎少有作物，加上夏日為蘭陽平原的旱季，前幾年甚至足足有三個月未落下一場像樣的雨，菜園裡僅剩地瓜葉及皇宮菜在咸豐草叢間的遮蔭下仍能蔓爬，以及一旁生命力旺盛的紅心芭樂、耐旱的芭蕉樹，這些老早就將根系深入地底而不畏缺水的大型植株還能存活。既然菜園在盛夏的日子已不需照料，或者說，這時候就算想刻意栽種些什麼也難以成活，正好適合短暫離家，向外探去。

夏日於我好像有股難以描述的潛在驅力。每年的夏季就是童年的總和、童年的躁動，象徵溪流、海邊、島嶼，以及群聚，此時與學生時期即結識的友伴出遊，就如同歸返童年。暑假也是兒時專屬的標幟，打從七歲開始就連年存在，在成年後仍在血液裡如天性竄流，這些分散在每一年裡的盛夏時光，足以串連合併為明亮歡快的遙遠童年。

秋日，如沉靜之中年

蘭陽平原的土地已晴了許久，九月中秋節後，雨水終於落下，每來一場雨，氣溫就降了幾階，再落一場雨，氣溫又更涼了。我的睡眠再次回到紮實而綿長的狀態，聒聒絮絮的夢境褪去，身體變得沉靜，心緒也安靜下來，是時候收心了。告別童年，告別夏日，一陣陣秋風拂來，心境來到了中年。

年年的秋季是打破時間線性、暗通款曲合併起來的沉靜，是獨處、是悵然若失，是成長後的理解，與埋藏起來的昨日歡愉。所有的七月是童年，所有的十月是中年，時間或季節有時並不是順勢地走，而是在悠悠晃晃的人生長流點狀分布。

沉澱的身體與心思，沉靜下來的大地與菜園。九月、十月的宜蘭農村，多數的稻田已打田覆水，一改夏至的澄黃與初秋青綠色的田菁，只是靜如一面水鏡。

收整土地與玩心，靜待來年的豐盛

水田持續休養，供給冬候鳥完整的水域棲地，回頭探看我那荒廢了整個夏季的菜地，一片荒煙蔓草，百廢待舉。重新拾起鐮刀，趕在咸豐草還未木質化之前一一斬除；一旁還有夏末結籽的串鼻龍藤蔓、九月盛開絨毛質地的雞屎藤小花；而八月份從收割田間搬回菜園置放的乾稻草，在初秋幾場大雨洗禮後冒出一朵朵蕈菇；翻開草叢，韭菜開展潔白色的球型花束，蔓爬的皇宮菜結出一粒粒在豔陽下黑亮發紫的漿果，隨手摘取下來，回播至菜地望其再生。

秋涼的日子，蚊蟲少了，耕作時亦有風相伴。收整玩心，收整菜地，將雜草除盡、將菜地翻耕，移植高麗菜與萵苣菜苗，將傾倒的竹棚重新搭設，播下豌豆與四季豆待其攀爬，再隔些日子準備撒播紅蘿蔔與菜頭種籽。每年也習慣在此時重拾書本，翻閱詩集，伸展筋骨，蓄積能量，靜待歲末至農曆年前的豐收，也靜待來年的盛夏到來。

蘭陽溪的溫柔與野蠻

醜地的臉孔：大石、黏土、蔓延之根系

渴望貼近土地生活，於是從都市遷居宜蘭，然而在農村想找到一塊良田，卻遠不如想像中容易。移居鄉野十年，耕作過四塊截然不同的菜地。接手的第一塊耕地為「石頭菜園」，所在的內城村早期由蘭陽溪沖刷而成，因而村裡許多農地都滿布大小不一的溪流卵石，每當以鋤頭翻耕，前鋒的金屬刀刃常因誤擊石塊發出陣陣鏗鏘。於是初期整地的力氣幾乎都花在搬移石頭，但無論如何勤奮，菜畦仍有源源不絕的石礫，這使得土壤難以保水，在春夏耕作更是難上加難。

第二塊「黏土菜園」前身是一塊水田，因此土壤黏度高，在我們接手前已翻耕整畦轉為旱作。黏土雖利於保水，但每逢大雨過後，土壤被雨水的重量壓得更為緊實，

倘若雨後接連遇到艷陽曝曬，土質就會如同水泥般堅硬，使作物根系難以伸張，也無法透過土壤的團粒孔隙好好呼吸。後來鄰居阿姨交付我一塊「竹林菜園」，土質雖為適宜耕作的砂質壤土，偏偏林子裡大樹與桂竹的根系滿布，還有成片芒草、野薑花、蘆葦遍布，這類野性蓬勃、長勢強健的矮灌或草本，最為難纏的不是地上物，反而是土面底下頑強的根莖結頭。

飽足的灌溉水，造就了耕作的順遂

歷經了三塊名符其實的醜地，不僅土況抱歉，需花更多氣力整地，再加上毫無灌溉水源，需額外找箱桶來盛接雨水，忙得昏天暗地之餘還不一定有好收成。直到鄰居阿姨因年事已高，將一座依傍於蘭陽溪水圳的菜地轉交於我，其腹地雖狹長，卻是排水良好的砂質壤土，我將水桶繫上繩帶，往身旁潺潺流淌的溝渠大排一撈，一桶桶清水就能即時澆灌農作。在這塊巴掌大的菜地，我嘗試了所有我能取得的作物種籽，每季種上二、三十種辛香料與根莖果菜，旁觀它們從種籽奮力開展出纖幼的嫩芽，一路拉拔抽高、開花結果。

自古以來，幾乎所有的聚落與文明都起源於大河，如今蘭陽溪四通八達的溝渠水圳，也成了人們託付耕作希望的重要水脈。這些水渠或窄或寬，窄一點的，村民自行找來木板搭橋，以方便到溝渠對岸照料農作；寬一些的，鄰人在廣坦的水流中央，一處長年堆積泥沙而形成的渠中小島，種起水耕空心菜，據說是蘭陽在地的品種，日日漂流在活水之間，隨水搖曳，清脆滋養。還有些地段，村裡的婦女乾脆在溝渠的水泥階梯搭起黑網遮蔭，在棚下洗衣、洗農作，在此閒話家常。

蘭陽溪的水渠豐潤了萬種生命，卻也承載了各種遺棄與死亡。我曾在渠邊耕作之際，望見一隻黑羽土雞的屍體順水流過，那是來自上游養雞場的病死雞。雞場人員總開著一輛鐵欄裡裝滿鮮活土雞的小發財車游走庄頭、以廣播沿路兜售，但出發之前，員工習慣將貨車停靠在橋頭，順手將其中病弱的、奄奄一息的雞隻拋向溝渠。那些無法再帶來任何獲益的，連善終都顯得多餘，只是草率地交付溪流，讓溪流無聲包容一切。

惡水，以及起伏狂野的大地

遍布於蘭陽溪畔的大小水圳，一條條被規訓在水泥砌建的渠道裡安份守己，並平敷於宜蘭廣坦的大地之上，然而這群水系的母親——蘭陽溪，卻並非一直都以這般溫馴的姿態示人。早年的蘭陽溪每逢颱風暴雨便會暴漲，四散奔流的大水漫溢至鄰近村莊，村人於河床地所栽植的花生、甘蔗等作物，便這樣毀於旦夕之間。

日治時期日人於蘭陽溪畔修築堤防，自此以後洪水不再，村民生活才逐日安穩。當水路漸被馴化為乖巧的樣貌，周邊地形也悄然改變。據說早年員山深溝村正好位於蘭陽溪的河道上，水路長年行經，將此地走出一條深達五十米的深溝，是為村名由來。直到堤防興建後，大水被阻隔在外，村莊的面貌亦隨時間被撫得越益平整。深溝在地年過八旬的老農陳榮昌就曾回憶，兒時的深溝村是一處充滿高低起伏的地方，那時高地無水之處，人們種旱作；低窪積水處則拿來栽植水芋，凹凸有致的地貌與如今相去百里。

直到今日，陳阿公偶爾仍會在夢境裡重現童年深溝的地形地貌，而作為一位初來飄落的移居者，我僅能想像勾勒，水路與耕地從來就不是眼前這般柔順平坦，它們曾經古奇且野蠻地，以桀驁不馴的姿態存活於此。

半年一度，慶典般的買苗盛會

秋季下苗，靜候春節豐收

一年僅一收的宜蘭稻作，伴隨夏季熱鬧歡騰的收割盛事暫告一段落，在稻田休養的期間，菜園成了農人下半年度的主場。由於宜蘭的雨季集中於秋冬，此時只要遇上乾冷的空檔就是種菜的好時節。村裡的阿公、阿嬤習慣在農曆七月夏末之時，率先種下青蔥苗，並在蔥畦上覆蓋層層稻草厚被；我則習慣在入秋後到菜鋪挑選略發嫩芽的紅蔥頭，將鱗皮稍事剝除，一瓣為一株苗，按方格棋盤整齊種下，年年如儀式般重覆。

地整好了，珠蔥移植了，我將春夏季節預先採集的山土攪和一部份菜園裡的土壤，作為育苗之用。層積的腐植土深黑鬆軟，戴上手套僅以徒手挖掘，竟綿柔如布朗尼，一盆盆的苗杯如大地的烘焙，酥軟可口，是菜籽走向發芽之路最好的養料。我翻開標記秋季的種子盒，一個軟盆、三五粒種籽，依序播入小番茄、紫蘇、小松菜、青花菜，一切靜待長成。

在等待菜籽出芽的漫長時光，我同時也到鎮上買現成的小苗，由於買來的菜苗不見得都能存活，若日後有了缺株，自家培育的菜苗便能隨時遞補。家附近的市街有幾處購苗地點，一是位於宜蘭市的南館市場周邊巷弄，售有以月桃葉包裹、以稻草繩繫縛的菜苗，十來株綑為一包。另一處是兼賣農藥肥料的連鎖農資行，菜苗種類多樣，惟價格偏高。若要便宜大宗，這一帶還有隱藏版的無名溫室，由於鄰近日治時期興建的員山機堡遺跡，內行人都暱稱這裡為「機堡」。

田間小路旁座落一幢幢溫室，惟「機堡」的溫室外頭停滿整排機車及貨卡，十月、十一月的耕作旺季，偌大的溫室聚集了在地鄉親，人聲此起彼落，如一場半年一度的熱鬧慶典，也如地方農婦的百貨周年慶。放眼望去，一落落的苗盤鋪滿架上，白梗芹菜、福山萵苣、中梗青花菜、包心冬白，以及雪翠與初秋兩款高麗菜品種，每株以批發價一元、一元半、二元半販售著。自從遠離了小學時期一塊錢的果汁冰條後，就沒再見過一元商品了，每回看阿伯阿姨們一整盤上百株地豪氣採購，我卻只拾把剪刀，分門別類六株、十株地買，相形之下儼然是扮家家酒。

家雞肥潤，大地沉靜

菜園農務集中在秋季九、十月，直到一株株菜苗入土，播種的蘿蔔冒出細嫩幼芽、四季豆開始向上攀爬、萵苣與高麗菜挺過了夜間蝸牛的肆虐，農事才終於告歇。

入冬後便是等待收成的時節，當漫長而冷冽的冬雨來臨，人們躲在屋裡烹食、讀書、工作、寫字，待暖而乾燥的冬陽造訪，再去菜園探看。此時園裡的作物已悄然茁壯，青蔥、小白菜、萵苣日臻肥美，高麗菜與芥菜逐漸結球；家雞在此時節掉落了一地雞毛，冒出蓬鬆新羽，並縮起脖子蹲踞如一團肥貓。農村的秋冬是什麼樣的季節？它是各種葉菜紛紛種下、等待農曆春節豐收的季節；是家雞換毛為寒冬預備的時令，也是大地變得低調沉靜的時節。

十一月的員山

你見過雨水澎湃的樣子，見過渠裡的水流浩蕩，經歷過沒有颱風預報的颱風。每周風雨無阻去打球，球拍像刀劍斜背在側，外罩雙層拉鍊雨衣，風雨無情的時刻耳邊響起宮澤賢治的詩：「不輸給風，不輸給雨……每天吃四合的糙米。」一周一會上沙場作戰。

十一月的田水荒蕪，遠山霧靄低迷，大地灰濛。灰色的蒼鷺起飛與愛的迫降，灰色的足鷸細細的腳。十一月的鄉野慶典歡騰，一連三日，田間架起酬神的舞台，上演酬神的戲。老人不眠，午夜開趴，開信仰的趴，展延信仰的流水席。

十一月的小徑落羽松由青綠漸轉枯黃，純白的野薑花再開再謝，山頭的五色鳥吃了足月的甜柿，林下野菇逐步沉寂，且待來年之春。

秋日單車隨筆

晚秋午後的單車，田水漫溢路面，
像瀑布流向下一塊田。

早些日子每當夏季無風的時刻，
你知道再怎麼黏膩難耐，
騎上單車就有了季風帶，
那是自己給的風。

小雞像一團麻糬盯看牆上的青苔發呆，
如此高遠清澈，遠離濡濕黏稠的人之泥沼。
世事變化人心難測，
每年深秋栽種幾顆珠蔥，珠蔥從不讓你失望。

渡過了史上最黑暗的十月，
想緩慢從碎語滿布的人造蟻丘爬下來，活過來。

Work
工作視野

談身體：追求無限上綱的收入，或者健康

年輕時在小型出版社上班，一人多工，身兼採訪、編輯、企劃、攝影，彼時工作占據了一切心思——如何製作具吸引力的書、如何找到值得受訪的店家、如何產出精彩的文稿與拍到好畫面。至於身體那些微小的訊號，口是否渴了、眼睛是否乾澀、肩頸是否痠痛僵硬、腸胃有沒有好好消化，都是在好久以後積重難返了，才驚覺身體被忽略了好久。那時候的我沒有在「感受」身體，我將自己當作物件一樣在打磨，磨成好用高效的工具。

《革命將至：資本主義崩壞宣言 & 推翻手冊》一書提及：「我們參與了對自己的剝削，我們就是自己最理想的中小企業、自己的老闆和自己的產品⋯⋯毀滅是先決要素，一切都應該被破壞，所有人都必須被連根拔起，好讓工作最終成為無依無靠的我們唯一的生存方法。」

回視過往，工作最可怕的地方正是改造自己。我們不僅被改造，還自願參與改造自己的行列，兢兢業業讓自身合乎「工作人」的狀態。有時我想起剛畢業那幾年，異化得離譜，還欣欣竊喜那是成長懂事的必經歷程。

努力工作取得些許成就，可是身體在哀嚎。在資訊與腦袋一同高速運轉的出版產業裡，我體認到勞心工作為精神帶來的過度消耗，於是決定告別出版社到山上從事野外工作，兩年的山居時光，鎮日浸染在山林、白霧與山羌的氣息，再後來的後來，來到農村，有了一方菜園，勞動的過程讓精神被洗鍊得清透，身體逐步甦醒。

世上再也沒有比耕作更接近「為自己而勞動」的狀態了，手掌裡撒入泥土的種籽，就是數個月後將吃進肚子的食物。我們的身體與我們的勞動息息相關，密不可分。

意識回歸到身體，我不再像從前那樣眼睛痠澀了仍強逼自己坐在電腦前工作，肩頸痠了就去熱敷，睏意來襲就小睡片刻，自由接案者的作息掌握在自己的手裡。據說，一個人會罹癌與否，取決於先天基因與後天習慣，如果前者七十分，後者又胡亂飲食不運動，那很快就會滿分達標。先天機率我們無法決定，可控的只有後天，因此關注身體、對身體負責，我覺得是作為一個人的基本。

收入這種事，總是多多益善、越高越好，可是當工作占據到一定程度，勢必會排擠對其他事物的注意力。無止盡追求更高收入的原因，或許來自我們對未來的擔憂，擔心自己生病、擔心家人生病，擔心將來沒有最佳治療方式的選擇權，於是擔憂變得無限上綱，對收入的追求也無限上綱。然而，人類終究要續命到什麼程度才算足夠？會不會選擇一種更健康的生活型態，致力於工作及生活的平衡，才是生命的基礎。

神說：「你想要什麼就儘管去追尋吧！只是要拿代價來換。」

野生蕈菇的秘密生活

隱密而陌生的新大陸

你曾經重複拜訪同一條山林步道上百回，一年四季，果樹輪替，鳥語啁啾，山樹落葉後再次開展新芽，你以為能看見的事物大抵而定了，同一座山裡不會再有嶄新的事物。

你也曾在菜園流連忘返，沉迷於各種作物的變化，以及不經意發現的，那些形貌秀緻的野草野果、蔓爬鑽蠕的野蟲。它們年復一年周而復始隨春秋登場，你差不多也以為園子裡能帶來的驚喜就這些了。

但總是偶然地，因著某些人，我們像站在巨人肩膀上，透過他們澄澈的雙眼，再次發現全然陌生的星球，一座過往肯定擦身而過，卻不曾駐足探看的隱密世界。

森林裡的野菇尋蹤

還記得是雙十節當天，當時合作的雜誌採訪專題為「蕈菇」，我與受訪者相約台北近郊，一同驅車前往位於內湖的大崙頭尾山步道尋找野生蕈菇。受訪者是兩對中年夫婦，因相同的嗜好而結識，平日喜歡走訪台灣各地山林尋找記錄野生蕈菇，也因此創辦 FB 社團「野菇生態觀察－ Taiwan Fungus」匯聚同好。濕冷的初秋，偶爾天空飄起綿綿細雨，正好為蕈菇提供絕佳的孕育環境。我跟隨他們的腳步、共享他們的視野，在熙來攘往的步道上不時駐足停留，終於在碎石步道的旁側、一截不起眼的朽木上，認識了精緻迷你的「鳥巢菌」。受訪者告訴我，巢裡像鳥蛋的東西其實是保護並包覆真菌孢子的組織，外皮微黏，平常用一條菌索固定在鳥巢壁上，每當雨水落下時，便會隨雨滴飛出鳥巢遠達一公尺，沾附在落下的基質表面。

「鳥巢菌」，人生裡第一株讓我為之驚嘆的菇菌。當天我們又陸續找到藏匿在二葉松底下與之共生的乳牛肝菌；生長於枯木樹幹上深色爽脆的毛木耳；夜裡會發出螢光的小扇菇；以及宛如陸上珊瑚的金赤瑚菌，細看它們明豔如火焰張狂的手；還有傘面像撒落巧克力餅乾碎的絨毯鵝膏。

著迷於事物的人，最是純粹

我們在山裡待了一整日，轉換許多地點尋找各種野菇。每踏入一片新的林子，眼前幾位成年人就像森林裡的小精靈，默契十足地散開來各據山林一角，以幾乎俯趴地面的姿態搜找蕈菇，寂靜的山林不時傳來此起彼落的菇訊。

旁觀他們著迷且專注的樣子，對我而言是那天除了蕈菇之外另一幅奇特的風景。那是在已出社會多年的成年人身上少見的純粹感，既萌且宅，野菇宅。結束採訪後已屆午後，飢腸轆轆的我們一起到餐廳吃山產野菜，飯桌上他們拿了一疊印有各式卡通野菇的貼紙要送我（我見他們的水壺上也貼滿這樣的菇貼紙），隨後再遞贈一條印烙「Taiwan Fungus」（台灣真菌）的皮革鑰匙圈，遞來的同時一面講述圈內的諧音笑話：「迷菇的人都是有趣的人，因為都是 Fun guys 啊！」

有趣，的確有趣。對事物著迷的人都是有趣的人，在銅臭的俗世裡閃閃發光。

尋常之路的不尋常

雙十連假後返回宜蘭，自此彷若開啟天眼，我看得見從前看不見的事物了！原來森林野地不只有植物與鳥類，潮濕的林下底層還有型態萬變的野菇。我來到那條住家附近時常造訪的步道，趁連續雨後的放晴日，終於在肖楠林下找到金黃鱗蓋傘的幼菇，那直徑不到兩公釐的金黃色蕈菇，有著超級賽亞人的卡通髮型，也像是日本進口的星星糖，精巧可愛；林下也有還未完全張傘、有著像是羊毛氈質地的野菇，以及正在啃食純白微皮傘的跳蟲。

菜園的精彩程度亦不遑多讓。用來覆蓋菜畦的稻草在秋冬雨水的洗禮下，冒出一把又一把黑墨色的鬼傘，它們自我生成，自我取消，在生命的後期自溶成一灘墨液。然後我也在自家菜園找到了對我具有里程碑意義的鳥巢菌，它們同樣在十月現身，出沒在九層塔靠近土面的樹幹基部與一旁堆置的角木上，它們從毛茸茸的巢杯質地、上方還覆有巢蓋遮掩，慢慢地轉向成熟、掀開蓋面，露出一整窩黑色叢聚的圓扁型鳥蛋，伴隨園裡栽種的萵苣與甘藍菜，一起在這片大地上成長變化。

稻草、角木，這些資材我已使用多年，我肯定在幾年前就遇過它們了吧！但過往我的腦海中尚未建構這些事物的形貌，所以想像不到，所以看不見。蕈菇一直以來都以如此精密微小的姿態藏匿在這個世界，直至天眼開啟，我才終於看得見鬼（傘）。

嘉義噴水圓環

南下嘉義出差，搭配的攝影師是個有點喜感的少年仔。車過噴水圓環時我感到車流混亂，他老神在在說，開圓環只有一個要訣，就是要「兇」。語畢就獵奇地跟我分享嘉義市每逢選舉年底，雙方陣營就會派人馬相約在噴水圓環叫囂的傳統。溫良的宜蘭居民感到驚訝，難以理解。

採訪工作常會搭檔形形色色的攝影師，因應不同媒體與不同縣市，有時半年、一年才會因公會聚一次，我常在坐進副駕駛座的當下才開始在腦中迅速調閱資料庫。我記得這個少年仔家住府城，喜歡衝浪，對，會去漁光島衝浪，一個個關鍵字咬著彼此一整串拉起來。於是從嘉義高鐵站車往約訪地點的路上就問他是否還去漁光島、是否會去南灣衝浪，然後少年仔就分享了也是獵奇的域內知識。他說衝浪是領域性極強的活動，若去南灣租板，老闆會問你在這裡衝過嗎，若你回說只去過烏石港，那就是幼幼班，老闆不給租。且就算最後順利租到板，在墾丁衝浪一切也要夠兇，浪頭來了要搶浪，反方向回來時還要避免與人對撞，種種海上的行車糾紛頻傳，少年仔感嘆道，大海很寬闊，但衝浪的人心卻窄。我暗想浮潛就沒這個問題了，個人陷在自己的觀魚泡泡裡要自閉，海面一派祥和。

搭配過各色各樣的攝影師，南國輕鬆派、都市雅痞型、敦厚親土派，帶有藝術家特質的、斜槓寫詩的、商業氣息重的，這之中有安靜木訥不善言詞的I型人，也有輕易就能搞定數十人團隊形象照的熟手。每位攝影師有自己的性格及興趣，對我而言，都像一扇嶄新的探看世界的窗，也像許久見一次面的夥伴。

秋日採訪雜記

溫室家族

這回與中衛發展中心合作，在九月艷陽高照的秋老虎時節，來到嘉義拜訪經營溫室研發建造的地方品牌。那感覺像是誤闖了一間交織緊密的家族企業，落入三立還是民視八點檔的場景裡，一整天陸續採訪了爸爸、媽媽、姊姊、大弟，還有負責蘭花溫室的二弟，鎮日在南台灣的艷陽、各種型態工法的溫室，以及黑頭車的冷氣之間上上下下，溫室的悶熱與車內冷氣的溫差讓我開始頭暈，但我被南台灣家族企業一股奇妙的氣氛感染，就是父親負責掌舵家庭這艘船的方向；母親跟姊姊以迷你短裙搭配高跟鞋的粉紅姿態，香香地、俐落地出入在充滿剛勁氣息的溫室工地與廠房之間；兩位弟弟則以腳踏實地的步調各司其職相互搭配，女性在裡頭看似美麗柔軟，實則擔綱硬蕊角色，是將整個家族與老員工串連起來的奇異力量。

卑南鄉長

在訪問連江縣長與新北副市長之前，卑南鄉長是我首次採訪職位層級比較高的對象。每回遇到這種情況，就開始懊悔怎麼整個衣櫃都沒有正式的服裝，又或是，我的外表與聲線無論如何就是無法撐起我的年紀，連要佯裝成熟世故都無法。當天整間偌大的鄉長辦公室，在那漆光閃亮的實木座椅之間，同時還落座了幾位相關人士，主秘啊，助理啊，以及中衛發展中心台東處的同仁，一同圍繞在我與鄉長周邊，如此大的陣仗讓我有些緊張，此時我察覺鄉長也好緊張，不過精明的主秘總會適時遞詞、補話，採取一種不搶風頭又恰到好處的姿態，總算讓這場採訪沒有太尷尬地順利結束。

此外，這趟行程令我感到深刻的還有一開場的台東車站，當天開車來接我的中衛同仁，一下車才初次碰面就以極其肯定的語氣說：「我見過妳。」但這種事我遇過太多次了，上了車我也用非常肯定的語氣對她說：「我是大眾臉，一堆人會說我像他國中同學或表妹，我習慣啦。」但她斬釘截鐵再說，妳一開口，妳的聲音我就認出來囉。後來我們拼湊了半天，十幾年前我寫《花東小旅行》時，她在台東卑南的原生應用植物園工作，就這樣做了十多年，而到火車站接我的那天，正是她轉換工作到中衛上班的第二天。

多年前的記憶如天光乍現，像被前世的記憶雷光劈到，但那張背景是園區野菜自助吧與辦公室長廊的模糊的臉並沒有慢慢浮現，只有眼前一位彷彿初次見面的人口述著遠古記憶。

說來奇怪，一向都是我記得別人，這次是別人記住我了。

田中央建築師事務所

位於宜蘭舊城的書店「小屋子有書」，兼任總編的書店老闆規劃了一本地方刊物，當期主題介紹宜蘭各行各業的人們，請我負責訪問田中央的建築師阿堯。關於田中央，最令我印象深刻的作品是津梅棧道，親友來訪時我總將路線拉來此。這條緊靠在慶和橋斜下方的棧道，原先是工人修橋時的臨時便道，事務所將其轉換功能予以保留後，持有一種空間體驗上的奇異感，比如在河道正上方的休憩區，能夠俯瞰美麗悠緩的宜蘭河，行經刻意鏤空的棧道還能透視腳底下的大河，中段還有條垂直的爬梯，如果爬上去你的頭會從車來車往的慶和橋旁冒出來嚇人，總而言之，就是一處簡短但機關充滿之地。

田中央在宜蘭的作品還有車站前的丟丟噹森林、宜蘭社福館、壯圍沙丘、蘭陽女中的通學路廊、光復國小前的護城河。有時我會覺得，從事公共空間的建築師，是不是一雙隱匿幕後捏塑世界的秘手？就是，為何我會三番兩次因工作、進修、移居等因素落腳宜蘭？我所喜歡的宜蘭地貌為什麼長這樣？我曾被什麼樣的空間體驗在無形之中所暗示了？因而留連忘返。

人物採訪的兩難

火車駛過沿海地帶的白色風車、駛過嶙峋的火炎山，我與雜誌攝影師在掀起海風的深秋季節來到苑裡。

受訪的藝師阿嬤，兒時為了讓弟妹繼續升學，小學畢業後就沒再報考初中，而是持續跟隨母親從事藺編賺取生活費；後來又因為七零年代台日斷交，導致藺編訂單一落千丈，面臨失業的阿嬤轉行從事泥水工作，直到年歲已長，地方社區重新推廣藺編藝術，她再次拾起這項擱置了三十年幾乎遺忘的手藝，人生彷彿摺合又重疊了一次。

那雙長年因泥水粗活而扭曲變形的指節，在訪談過程中始終編織著沒消停，訪談時她總是清清淡淡地說，我卻看見時代與命運對她的不懷好意。我看見了，但寫稿時若滲入自己的觀點又覺得殘忍，覺得她讀到了可能會難受，可寫的時候如果輕描淡寫，文稿又顯得平面，這大概是人物採訪的兩難，因為寫得是活生生的人。

前陣子看了蘇菲亞柯波拉導演的兩齣電影，《牡丹花下》重新翻拍的《魅惑》，以及事件改編的《星光大盜》，前者耐人尋味看了兩次，後者普通。但相通的是蘇菲亞柯波拉都不加入自己的評判，她就是如實，用最低的介入去呈現，丟給你自己去感覺。雖然實際上好像也沒有真正如實的電影，就連紀錄片也是，你選擇的攝影視角以及決定要說哪些鏡頭，在最初的時候也已經表態了。

不確定後來在那篇文稿裡，我是否有藏好自己氾濫的感傷或憐憫。還記得有一回，合作的案主希望我能採取匿名，以第三人稱的角度去撰寫一篇關於自己的採訪稿，於是，記者的我去採訪作家的我，兩種斜槓的交會點，此事的荒謬性讓我笑了許久。一直到付梓成冊後，我覺得內容有些耽溺了，就是一個人觀看自己，沉浸在自己的世界裡，可是，這件事也讓我更加意識到，能夠全盤掌控自身的詮釋權是令人安心的，以及所有的人物採訪都是極其危險的差事，因為你詮釋的是一個個鮮活的人與他的人生，那些願意將自身託付予我的，我理應謹慎再謹慎，謙卑再謙卑。

秋旅：府城及漁光島

七匹狼

周日上午騎 T-bike 在市區晃遊，行經西市場稍事駐足，一座充滿舊日情懷的布市。接著到孔廟附近吃永記，綜合湯裡的粉蒸脆腸口感別緻，三角形的肉餃湯汁飽滿。在此之前步調尚算悠哉，但來到午後畫風丕變，一陣商討後搭乘公車前往安平，再租單車騎往漁光島。氣喘吁吁爬上漁光大橋時，想到十九歲那年暑假的單車環島，在蘇花公路旁拍了萬分狼狽的合照，臉上汗水與噴濺的泥沙摻雜，當年洗出照片後自嘲像七匹狼劇照。如今七匹郎狼了二十歲，成員再次聚首，只是，外出旅行好像一不小心就會變調為苦行僧模式，心想我們不是來此放空渡假的女子團嗎？何以將時間塞得如此滿溢，耗盡氣力並壓縮睡眠。

在夕陽西下前趕到漁光島，初抵時四周揚來峇里島的音樂及滿滿的人潮，後方映襯漆黑高聳的防風林。此地的木麻黃比別的地方還要高大，循小徑穿越聳立的林下抵達沙灘，像越過一道結界。

夜晚從漁光島騎單車離開，一日奔波後，途經台南運河時心緒漸趨平靜，河畔高樓映入水面，波光粼粼色彩霓艷的樣子想起了高雄愛河。晚風沁涼，夜騎最是愜意。

建築場域

同行夥伴說我可能是微廢墟迷，一陣大笑後，為此加入了跑廢社團。仔細想想，的確建物也有生老病死各階段，但我並不特別迷戀人文景觀裡的荒涼或者頹敗，真正震撼自己的或許是非日常空間帶來的奇異感。比如此行入住的民宿，建築形式是台南常見的面寬窄、縱深極深，且附帶天井的老屋。這樣的場域在後續發酵的記憶裡，勾勒出來的是垂直堆疊、有著小而陡峭的階梯盤繞而上，以及橫向分割錯落的小坪數切面。從那些露臺上可以往下眺看鄰近街舍屋瓦、能夠仰望頭頂上寥寥星子，那麼此地在記憶裡就是天空之城。

接近午夜時分，散步行經府城的永樂市場，白日的人潮散去，夜裡徒留靜悄空蕩的建物，微弱的路燈打在水泥建物上，晚風拂面而過。隔日清晨到市場早餐，飯後找到步上二樓的階梯入口，甫上樓就瞥見一位阿嬸倚著欄杆做晨操，而後是縱深延展的長廊、成排的木門、連接南北棟的空橋，以及走廊盡頭正煮食蒸煙的爐火。年近六十的建築，一格一格的小單位有倉庫也有居民，橫向連結的意象是萬華南機場、新北投的金馬獎大樓，以及已煙消於昨日的香港九龍城寨。

秋旅：台南人與新營

台南人

周六夜裡到民宿放完行李便從海安路步行到富香吃沙茶爐，整條西門路豎起一座座艷麗的建醮牌樓，不時被慶典的鞭炮聲嚇到彈起來。與十多年不見的小妞學姐聚餐，她說一早似乎就 sense 到這周人潮會很多，她在高鐵上班的姊姊也根據乘客多寡有著相同的判斷。在宜蘭我很常刷氣象 APP 查詢降雨機率，在此行事一切端視晴雨，於是降雨與否成了宜蘭人的關鍵字，而假日人潮多寡則是府城人的關鍵字。又像是在馬祖東莒行事要關注潮汐，出入島嶼必得研判當日風浪級數，身處在各地域的人們敏感敏銳的事物大相逕庭。

小妞愛吃，擁有一切關於吃食的小道消息。她說小吃店裡掌勺的就是店裡最重要的角色，是精神指標。當初永記的二代對家業繼承不感興趣，掌業的一代不願老員工就此失業，轉而移交給周氏蝦捲。消息一傳開來，台南在地常客都擔憂口味就此走鐘，但一陣裝潢過後，再次踏入店裡，迎面望見排序在第一代老闆、老闆娘之後，店內最為重要的老臣阿文就立於檯前一臉淡定掌勺，頓時間，心都安了下來。

後來又去永康的劉家莊吃牛肉爐，另一則台南的飲食秘辛順勢隨上桌的溫體牛肉盤展開。小妞提及即便像劉家庄這樣生意興旺的店，一整年售出的牛肉全數加起來還不到一頭牛的量。也因為牛是這般龐大的動物，因此整個台南市一天就是吃一頭牛，你當日在台南吃的各種牛肉都來自同一頭。但是啊，真正好的部位就那些，因此會從餐廳、小吃店、路邊攤層層分配下去。語畢，她用一貫帶有黏性與短促音的語調喃喃説道：「牛的世界真的很神奇～」

新營

抵達台南的第一晚來到新營拜訪多年不見的山社朋友，由於是晚間抵達，對城市的印象仍在黑暗中摸索。越過市街來到公寓大廈的入口，穿過長長的走廊來到角落邊間，這些像抽屜一格格收納起來的每一單位，推門入內後，內裏都有兩層樓，屋內瀰漫了咖啡豆香、角落疊放了許多哲學及人文書目，腹地面積不大卻有樓梯上下縱貫，這讓我覺得空間像洞穴，像巢。對照我在宜蘭的居住空間為平房，平房具有半透明的穿透性與平面延展性，疊加我生活裡的實用主義與對方打造的精緻文化兩相衝擊，兩天一夜的巢中生活起居為我帶來的是如夢似幻的非現實感。

朋友曾經也是將理想與工作緊綑在一塊的人，熱血衝衝來到喜愛的書店工作，走了一遭，如今卻選擇到工地工廠度過規律且不需多想的生活，將精神上的富裕留待下班後的人生。工作是否應與自我實現綑綁一起，以及工地、徒步者、書店、下一位服務業的苦難人，成了次日早晨的對談關鍵字。而關於新營，曾經的行政重地如今已然沒落，以至街上的人車不多，走起路來頗是悠哉。只是好吃的東西似乎也不多，他們抱怨連鎖品牌到新營怎麼就變得難吃，然後這裡幾乎沒有好的咖啡廳，放假喜歡去的地方是鄰近的嘉義市而非台南市。回家查了一下地方粉專，網民苦笑新營早已被台南邊緣化，何時該讓大嘉義接收。

秋旅：紙本地圖

旅行時攤開留藏已久的紙本地圖，凹摺的地方泛起毛邊，隨處都有膠帶黏補的痕跡，一些街道關鍵字已隨毛邊消逝，真要地判幫助不大，但我仍需要它。比起手機GPS，紙本地圖更接近全知，是我心中描繪建構一個嶄新之地的初始。

除此之外我是用方位在認識一個地方的，因而棋盤式的街道規劃較不易迷路，身處其中的人就像棋子在移動。但偶有緊急時刻，一回在台北隨手抓了路人探問：「請問哪裡是南方？」東區閃亮亮的女生像聽見前所未聞的辭彙，皺起眉頭提高音調：「南方？」當下我就知道自己錯了，錯得離譜，方位是當今已死的概念。

同樣不會迷路的還包括擁有明顯標的物的地方，比如花東縱谷，無論身在縱谷哪一處，中央山脈就是那樣巍巍大方地坐落一側，海岸山脈則一直是古奇並充滿稜角的存在，依據兩側山形東西定位，南北立判。

圓形的城市則令我困惑。在府城的期間通過那座輻射狀的超大型圓環，每過一個路口就亂了一次方寸，再過一個路口東西南北就全然混淆，方位在此派不上用場，所幸府城街道上的建築標的足夠多元，只好以街景風貌加以識別了。

秋讀：廖鴻基

來到宜蘭文學館聆聽廖鴻基演講，第一次親見本人，是位溫溫軟軟的大叔。他講述前些年利用黑潮漂流的故事，用無動力膠筏順著黑潮一路從台東漂到宜蘭。由於是自然漂流，一路上不能掌控速度及方向；也因為是漂流，少了引擎聲，動物更願意靠近這艘寧靜的船。於是海鳥變得好近好大，魚群躲在膠筏下方作為庇護涼亭。然後一行人還帶了二十四顆有著象鼻蟲幼蟲乘客的棋盤腳果實一同出海，棋盤腳船與戒護船，與九十九顆玻璃浮球及膠筏本身，因速度快慢錯落在洋流，形成一條綿長而悠緩的海上隊伍。

全然把自己交給一道看不見的洋流是什麼感覺？把自己交付給那道因貧瘠而顯得透明，因乾淨而顯得深邃，從岸上望去總是一片深黑的海潮，那需要全然完整的信任吧，需要暫時不當人生的控制狂。

秋讀：《阮玲玉》

1

煙硝尚未抵達上海前，歌舞昇平的舞池裡，張達民對一旁的阮玲玉說：「我喜歡張織雲，因為她夠墮落。」那不是真的要付諸行動的喜歡，而是在表明他的價值觀。我覺得這可以貫串後續他對阮玲玉所做的一切，所有的賤事、妒忌與懷恨都能從這裡說起，他的報復正因為阮玲玉太光潔了，不夠墮落。

中二的人一輩子長不大，一幕張達民獨自在鐵道單軌上搖搖晃晃像孩子玩耍的行路背影，可悲可憐，孤獨落寞。

2

阮玲玉死前的一晚聚會，她問費穆：「我是個好人嗎？」

導演費穆答道：「無論外頭的人怎麼說，在我心中妳就是好人，有時我甚至覺得，妳是太好了，過好了。」很喜歡關錦鵬在這段的處理，一下是前晚的歡聚，一下跳接阮已躺在靈柩，身旁圍繞了幾個重要的人，他們逐一轉頭打破第四道牆，緩緩說出那些來不及給她的話。

其實如果她不要這麼好，不去理會當時上海記者的輿論，就不會自殺了，不會永遠停棲在二十五歲。隨著默片時代的結束，她沒能成為中國影史上第一位在大銀幕開口說話的女星。

3

阮玲玉說：「演戲就要像瘋了一樣吧，演員應該是瘋子，而我就是一個。」她在屋外嚴寒的雪地裡脫掉大衣雙頰緊貼白雪，或在尋常的日子抽起長菸擺起臉色，都是為了揣摩角色。幾回下戲了，但她代入太深，沒有醒來。

聯華片場裡同是女星的黎莉莉說自己就不是瘋子，所以她能順利下戲，所以她演不好。一回導演蔡楚生喊卡，但阮埋在棉被裡繼續抽泣，害羞的蔡楚生坐到床邊久久不敢將棉被掀開，如同他最後也沒有勇氣帶她走。他拍戲是要反抗，要對抗資本主義，但真的實踐起來又不夠左，最終只落得曖昧。

4

影片最後，飾演阮玲玉躺在靈柩裡的張曼玉，在導演一聲結束後，像溺水的人突然攀上岸，猛力吸一口氣。張曼玉演阮玲玉演艾霞，艾霞自殺了，阮玲玉最終也沒能從艾霞的故事下戲，但張曼玉從水底上岸，活了過來。從一九三〇到九〇年代，半世紀過去了，輿論依然鋒利，人言依然可畏，但張曼玉所象徵的一代人，或說編劇邱剛健所希望的張曼玉一代人，或許能從這條鍊裡逃脫。

秋讀：《蒼鷺與少年》

身處鄉間、貼近土地的生活，有許多與野生動物交手的機會，時有動物參與的日子，總是別具朝氣。比如，某日不知從哪冒出的野生毛蟹在客廳橫行，或在門前馬路撿到一隻鱉，哪日是初生的小貓跳上雞舍棲架與肥軟蓬鬆的母雞們擠挨著入睡。近期則是當我在菜園翻耕時，常有隻白鷺鷥會前來盯哨，情況通常是我埋首在菜畦忙了好一會，一抬頭突然發現有隻將翅膀背在身後、宛如校長巡堂的白鷺鷥默默走到你身旁，牠會假裝沒在注意你但其實很有，牠要吃你因採收或鋤草擾動了土壤而冒出來的蚯蚓。

不怕人的鷺鷥、亦步亦趨的鷺鷥、佯裝泰然自若實則心機有餘的鷺鷥。這段「鷺鷥與中年」的經歷，讓我在觀看同樣是吉卜力工作室出品的《蒼鷺與少年》，感受格外強烈。

動畫裡，蒼鷺的頭顱裡另外進駐了中年男子的頭，以至於男子冒出頭來的時候，上下鳥喙變成他的帽T與領巾，自然垂掛在後頸與脖前，像是中年人刻意巧扮青春潮流。前期他的樣態比較接近蒼鷺，體內人形若隱若現，於是偶爾出現不完全變態的過渡形態——在蒼鷺的形貌、長長的鳥喙之下，隱約露出人類肥腫的鼻頭與靈長目的牙齒，酒糟鼻像肉瘤那樣擠溢出來，噁心又迷人。常來菜園盯哨的鷺鷥校長，或許頭顱裡也住了一位中年阿伯。

除了蒼鷺男那半人半禽的型態勾勒，宮崎駿對人物姿態，以及風、火、海等自然元素的描寫，也同樣充滿生機蓬勃的動物性。比如電影裡那群家僕婆婆，團聚在一起妳一言我一句的時候，就好像一坨蠕動的軟蟲，群體竄動著、騷動著，無論身體或性格都充滿人之所以為人的生命力道。

另一幕男主角牧真人來到異世界，一艘廢棄的木造輪船擱淺在礁岸，船身的破口讓整艘船體成為一座巨大的海蝕洞，就像馬祖列島上現存的幽暗深邃的洞穴。當沉默的幽靈為分食簇聚而來，掌船人與真人將捕獲的巨魚手刃劃開，瞬時間油亮繽紛的魚類臟腑迸裂開來傾瀉一地，彷如自銀幕滿溢而出。這世上再也沒有比內臟更鮮活的事物了。

秋讀：《借物少女艾莉緹》

菜園裡，雙行播種的紅蘿蔔種籽，隨著底下塊根日漸肥大，位於地上部的羽狀複葉也越益繁盛。左右兩排柔細的葉片相互彎垂，陽光灑落下，形成一座光斑點點綠色隧道，我將初生十日齡的小雞帶到菜園放風，牠們怯生生蹲伏在隧道底下，上方開展的蘿蔔羽葉為其遮陽擋風。

另一次是見到玉米植株上爬滿了密密麻麻的黑棘蟻，挺立的玉米莖幹成了垂直版的高速公路，蟻群在此來回數趟，為的是將地面用來覆蓋的粗糠搬舉到上方以玉米葉搭蓋的螞蟻窩，作為建窩的素材。

微觀自然是一件充滿樂趣的事，我時常望著巴掌大的小雞，想像從牠們視角所見的世界是什麼樣子？兒時有第四台播放的美國電影《親愛的，我把孩子縮小了》，近年則有以田園為背景、以小人族為題材的吉卜力動畫《借物少女艾莉緹》，正好滿足了我亟欲探看的世界觀。

假若我們的身體縮小了，對於環境音的感受勢必不同。許多電影習慣穿插大量配樂，以此牽引觀者情緒，但過於仰賴配樂的做法其實有些粗暴，以及便宜行事。對動畫來說，真實的場景音或許更能打破虛實的疆界，使動畫滲入現實世界的氣息。當艾莉緹首次借物抵達了人類的廚房，夜裡密閉場域所帶來電器的嗶茲嗶茲聲，還有牆面迴盪的鐘擺聲，以及隔壁房間人類活動時瓷杯與瓷盤輕微的碰撞聲，都一一在小人族的耳裡被無限放大擴充。而這時鏡頭像西部片空拍懸崖上的人物一樣，從艾莉緹小小的身影迅速向後拉開，直到視野容納了整座廚房，此時搭配的場景音讓夜間的無人廚房像廣曠原野那般，傳達出原本在室內空間不易勾畫的開闊與空寂感。

在借物少女的小人居家場景裡，牆上掛的盤飾是鈕釦、張貼的壁畫是郵票、花器是原子筆的筆管，然後以去除錶帶的手錶為掛鐘，波浪邊緣的馬口鐵瓶蓋為置物籃，母親臥房插在瓶內的蟲翅作為小人世界書寫用的鵝毛筆，牆角還有巨大的鈴鐺與橡實為裝飾品，父親的工作室則有自人類世界取來的黏膠、小剪刀、指甲剪、鐵釘與螺絲，如此建構出小人族充滿日常感的微型世界，這些都是觀影時如一顆顆彩蛋的精緻趣味。

至於世上到底有沒有小人族的存在？早已不天真的我們當然可以不假思索回答。可是啊，如果我們去懷疑為什麼人類的比例尺偏偏是現存這般，為什麼不是更大一點或更小一點？以及恐龍曾經如此龐大，為何由恐龍演化而來的鳥類家雞卻是這般嬌小？如果演化的長河有哪個環節稍稍不同了，家雞是否會更巨大，或者人類可能更矮小？這麼想著的時候，好像小人族的存在也不是那麼理所當然的不可能了。然後我也想起好多年前曾採訪過的袖珍博物館，負責導覽的受訪解説員提及，真正的袖珍藝術其屋內家具、壁飾、爐火、器皿，取材皆為仿真，也就是説，倘若人類按照原比例縮小為十二分之一，進入裡頭是真的能夠居住生活的。而這樣傾家蕩產收藏那一座座迷你精巧的袖珍屋的人哪，到底是什麼樣的信念促使他開設這樣的博物館呢？或許在他們內心深處真的信仰小人族的存在也説不定唷！

NO A12345
CINEMAS
1樓1廳
6排9號

Chapter 4 冬之藏

冬季的生活氣味是連綿雨日擺脫不掉的潮濕漉氣，
但因豐收的蔬菜、烤爐裡熠熠的火光、
巧遇的菜鴨與初生之河牛，
灰濛冷冽的冬日亦有光滲入。

冬季的工作視野梳爬了文字記者
與眾家編輯之間巧妙的合作關係，
並再次登上馬祖列島，
在差旅期間感受北國冬日獨有的蒼涼靜美。

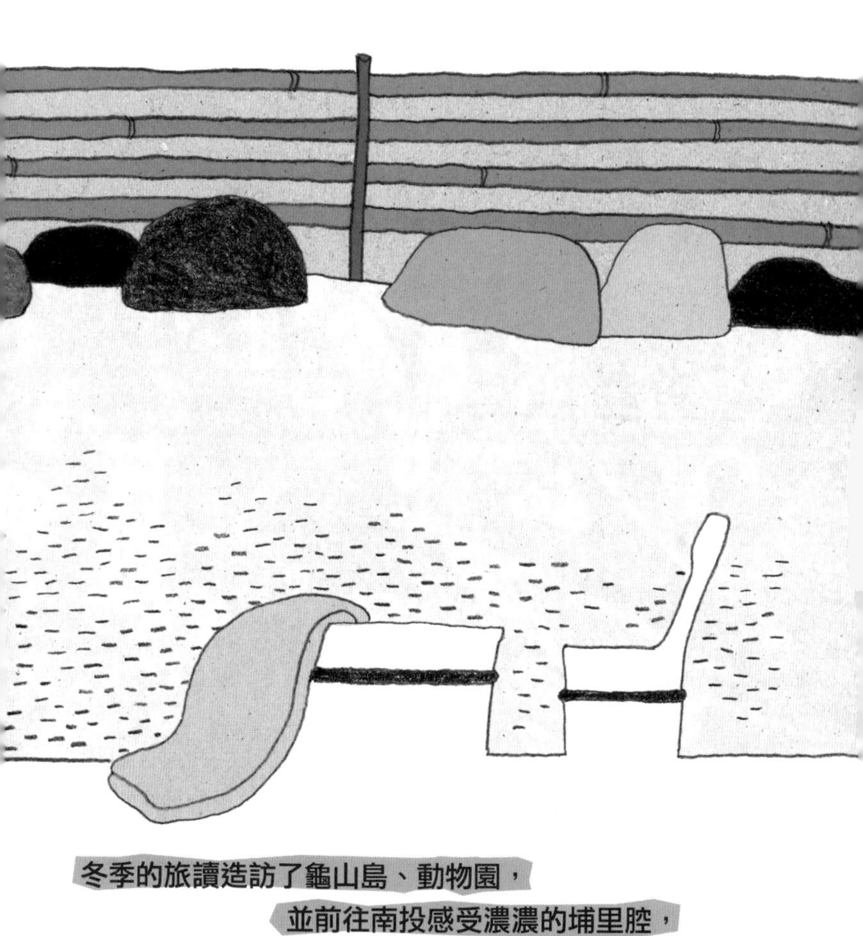

冬季的旅讀造訪了龜山島、動物園，

並前往南投感受濃濃的埔里腔，

最後以元宵節的煙花為一年之末畫下句點，

靜待來年之春。

Life
生活氣味

因為秋作，冬雨變得有意義

這幾年秋天好像憑空消失了，就是在漫長酷熱的夏季過後，突然一下子就進入冬天。秋天如果有，卻不是以季為單位，而是用短暫幾天的形式出場，然後草草結束，直接走入陰鬱潮濕的冷冬。

雨水充實了宜蘭的葉菜

對比夏季的高溫乾燥，宜蘭的秋作相對容易種植，有時菜苗栽入土壤，遇上接連幾日落雨，再次造訪時總會為其驚人的長速嘖嘖稱奇。詩人唐捐在《蚱哭蜢笑王子面》曾用幾分調皮的方式描述雨水──「雨充實西瓜，但減低它的甜；充實貓，且強化牠的冷；也充實你，而你並不因此變得不甜或更冷。」那是我頭一次知道「充實」一詞可以這樣使用，當這個再熟悉不過的詞彙被運用在作物生長上，竟變得靈動起來，像縮時攝影般，將雨水落入土壤、滋潤西瓜植株在泥裡的根系，讓原先如乒乓球大小的西瓜果實因而膨大的過程以高速播放，如打氣幫浦，充實了西瓜。

春雨充實西瓜，就如同冬雨充實了宜蘭的葉菜，西瓜是水做的，宜蘭的菜也是。但蘭陽所產的蔬菜風味並不因此被稀釋得淡薄，反倒因為宜蘭的日照短，作物的生長期被綿延拉長，吃起來多了肥嫩鮮脆的口感。無怪乎老一輩的宜蘭人只吃本地蔬菜，吃不慣批發市場裡那些被豔陽快速拉拔長大的南部菜。

因濕潤而豐盛，因乾燥而貧乏

宜蘭菜也好，南部菜也罷，我沒有那般挑剔的味蕾，感觸較深的是從耕作者的視角，每每欣喜於因雨水而豐潤的秋作。宜蘭的冬雨下起來沒完沒了，那種萬物入霉的感覺也的確令人生厭，但開始種菜的這些年我逐漸理解到，與雨水偕伴而來的，其實是萬物蓬勃的生命力。早年在宜蘭原始山區工作的記憶裡，一眼望去，此地的森林總予人成片濃綠的印象，從地被植物、林下植物、攀掛樹梢的松蘿，到溪流大石上的苔蘚與地衣，還有將樹幹層層包裹起來的伏石蕨、鳥巢蕨、書帶蕨、山蘇等附生蕨類，整座森林濕漉卻豐饒。

爾後定居宜蘭，鄰人阿姨曾交付一座被次生林環繞的菜園供我耕作，那單位面積所分布的植物種類也同樣豐富——烏桕、血桐、筆筒樹、腎蕨、月桃、野薑花、蘆葦，以及寄生於芒草根系的野菰，混合了我所栽植的各式辛香蔬果，野生草樹與野蟲野鳥共冶一爐。大抵是視覺上習慣了這種豐盛到滿溢出來的生機盎然，一回因採訪工作前往苗栗頭份山區，隨受訪者的腳步前往園區，觸目所及盡是栽植在裸露黃土上的果樹與蔬菜，眼前乾燥之中帶點荒蕪的景象，襯在竹苗一帶颯冷刺骨的九降風裡，形成中央山脈兩側截然不同的農作景觀。

如同這年極端乾燥的宜蘭夏季，梅雨缺席、颱風未來，畦上的土壤變得乾硬如磐，作物形容枯槁，只剩零星堅韌的雜草還能稀稀疏疏地往上長，那是一股因連續乾燥所帶來的貧乏。以往的經驗，若在連續烈日後鋤草，也能深刻感受到雜草變得更加老韌頑強，與下雨過後以鐮刀手除草葉時感受到的脆感大相逕庭。此時便深覺，年年秋冬台灣東北部那連綿不絕的雨水或許並非一無是處，它讓樹上有蕨，無土亦能生；讓森林與菜地有濃到化不開的綠意；然後也充實了蔬菜、豐滿了泥土，洗掉了一些本該會有的雨季憂鬱。

像照顧嬰兒一樣，替泥土蓋上被子

投入耕作十年有餘，即便是同一種作物，時有豐年，時有欠年，年年的氣候不定，每一年種下菜苗的體質強弱也全憑運氣。然而在眾多不確定的因素之中，關於照養菜地土壤一事，倒是隨著耕作經驗與各種試誤，漸有心得。

了無生機的水泥盒子

還記得初次接觸種菜是在北部近郊，當時尚未遷居宜蘭，家附近的菜地取得不易，也因為開墾範圍極小，新手農夫懷抱滿腔熱血躍躍欲試，對於菜地的照顧自然是無微不至。我相當「勤奮地」將土壤裡的大小石塊、自然生長的咸豐草、昭和草、含羞草及其他各種禾本科雜草一一清除，將菜地整理得極為乾淨，滿心歡喜種下地瓜葉苗、空心菜苗、南瓜等春夏作物，耐心靜待收成之日。然而這一切卻在歷經數月後，日漸發現地瓜葉的風味趨於苦澀，空心菜則呈現細瘦的葉形與青黃不接的色調，眼前的菜地經過我的照料後，竟成了一塊表面平整、內裡堅硬的水泥盒子，一塊了無生機的人造之地。

「貧瘠」一詞以如此具體的方式在我眼前展現開來，這裡頭沒有蚯蚓，沒有蟻群所建築的地下城市，且因為日常勤於拔草，當然也沒有菜根以外的雜項，採收而來的苦澀葉菜或許是土壤無聲的抗議。

那份熱切於今看來，確實是勤奮過了頭。土壤最好的面貌應該是「鬆軟的」，原本生長於泥地裡的雜草或許不是萬惡的敵人，它們無所不在的細根其實如同打蛋器那般在地底下默默作業，一面透過伸長的鬚根把土壤攪鬆，一面涵養水份，並與農作物之根系進行地下交易，交換彼此的菌根菌，維持土壤豐富的菌相。

我將菜地重新翻耕，並將周圍割除的雜草、三餐吃剩的果皮菜渣覆於其上，巴掌大的田遠看如一席墳，正安眠著，等待復甦復活。

替菜畦野蟲搭建一座茅草屋

用一季的徒勞換來一份經驗。有了這段經歷後，遷居宜蘭後所接手的每塊菜地，我都謹守覆蓋物的重要性，不再讓豔陽及暴雨反覆摧殘土壤肌膚；整地時也適度保留雜草，斬草不除根，維持一定的雜草高度。

只是，什麼樣的覆蓋物才是土壤最理想的面膜？蘭陽平原每年耕作大面積水稻，碾米過程所產生的粗糠外殼在農村十分容易取得，便成為我耕作之初最常採用的資材。我在一座緊鄰灌溉溝渠的砂質壤土菜園運用粗糠覆蓋菜畦，秋冬之際雨水豐潤，土壤尚能保濕，但適逢一年比一年還要乾渴的春夏，粗糠易吸水的特性，反而將偶一為之的雨水「中飽私囊」，雨水被中介的粗糠抽稅了，加上粗糠均勻細小的質地層疊起來過於密合，阻隔了雨水滲入土壤的機會，覆蓋一段時日後，若將粗糠翻開，底下菜畦仍一片乾硬。

近年我開始嘗試以稻草作為覆蓋物，乾枯的稻草蓬鬆有致，即使替菜畦舖疊數十公分厚，當雨水落下時，仍能穿越層層枯草浸潤至土壤之中。幾周後翻閱查看，馬陸、蜈蚣、螻蛄、東方水蠊等昆蟲藏匿其間，堆疊的稻草就像是菜地搭建的茅草屋，創造出微型的遮蔭空間，提供野蟲棲息乘涼。

得來不易的泥土

總是要親身試驗後才得以罷手。其實只要環顧四周阿公阿嬤的菜地，除了少數使用塑膠銀黑布，許多都以稻草為覆蓋物，或許早在更久以前，生活在農村的人們便已知曉每種天然資材的差異特性了。

年復一年，畦上覆蓋的稻草隨日月化作泥土，覆蓋的同時其實也是變相在存土。關於老一輩對土壤的珍視，曾聽聞村裡老農有個習慣，當他們預備離開水田或菜地之前，總會順勢將鞋底沾附的泥土敲落下來，還之於土地。或許世界在初期本是無土的，在歷經數代的大水沖積，歷經老一輩人將平原上一顆顆大石徒手搬離田間，才逐漸有了如今看似理所當然的肥沃厚土。

冬日，
在荒涼之地長出豐收的姿態

宜蘭的冬日濕冷，連帶著整座蘭陽平原在此時顯得格外寧靜，甚至帶點寂寥。這個時節，初秋甫播種的作物仍在奮力生長中，躲在地下的蘿蔔根莖仍悶在土裡不說話。此時水田也進入漫長的休耕期，正進水覆蓋，休養著，緩衝著，等待來年春耕一年一會的農事盛會。

等待豐收前，偶一爲之的光亮

連續下雨的冷天，內心默默期許園裡的菜苗能在茁壯以前，不被冬雨所擊潰；此時探頭往窗外望去，村裡也顯得冷清，平日總是成排坐在騎樓或廟埕前閒聊的老人都紛紛躲進屋裡了。

冬日雖然是成片的留白與荒蕪，總還有幾分生機。蘭陽平原的歲末盛產金棗，比起醃成一顆顆甜膩的蜜餞，我更愛鮮食，尤其是那些外皮已漸次轉黃，蒂頭處還帶點青綠的金棗，一口脆咬，從最初果皮因柑橘精油帶來的些微苦味，到酸甜有致的果肉，最後再來一記回甘，酸甜苦澀極富層次。

走巡菜園，由於北部的冬季氣溫低，葉菜生長十分緩慢，少有動靜，但回頭卻發現在夏季開始抽苔的韭菜，已於秋季開展繖形花序，並在冬日結成黑色種籽，一一收集留種，也成了屬於種籽的豐收。而原本在春夏長勢旺盛的刺蔥，即將邁入冬日的落葉期，我見它樹高太過不易採收，索性攔腰鋸斷，想不到孤伶伶的一根樹杜，竟在冷冬冒出嫩芽。原來不是所有植物都在春日復甦，冬季也能存在各式蓬勃。

在一片蒼白之中，視覺上的豐盛

正當中南部如火如荼邁入二期稻作，蘭陽的水田卻在此時覆水休養，雖然少了綠油油的稻禾，取而代之的卻是成千上萬的過境水鳥群聚在溪畔水田間覓食與理毛，且為了不讓狂囂的東北季風吹亂牠們的羽毛，全員整齊地站在順風方位，那份壯麗浩大的氣勢，形成一種視覺上的盛宴，亦是每年冬日最經典的宜蘭風情。

這種浩大卻蒼涼的景色，同樣體現在冬日的壯圍海岸。沙丘下的沿海農地在夏季收成花生後，換上大面積的白蘿蔔；再往海岸推進，防風林下修築了一格格竹圍柵，裡頭住著濱海植物的樹苗；而行往沙灘，沿線座落一間間披掛藍白帆布的簡易漁寮，提供討海人在冬至過後，海風最刺骨、氣溫最冷冽的季節，在夜裡隨海浪捕撈鰻栽時，一處短暫休憩的地方。這些隨大地波動的身影，成為海岸沙丘在蒼涼且孤獨的意象之外，最具生猛力道的人文景色。

冷冬時節，體感與味蕾的溫熱豐收

荒蕪襯托了生命力，如同冷冽突顯了溫暖。宜蘭的濕加劇了冬日的冷，造就了宜蘭人冬天最愛的兩種日常：吃火鍋與泡溫泉。市區的鍋物店前仆後繼，然後從礁溪到員山，設有大大小小的溫泉旅店。無論透過體感還是味蕾，讓身體溫暖，是這片土地上的人們照料自己的方式。

菜園裡的檸檬香茅在夏末呈現乾枯樣態，從初秋一路到深冬，又逐漸恢復長勢，收割後的香茅莖，煮茶溫飲有驅寒保暖之效。剪除的香茅葉，我習慣綑綁成束，泡溫泉時就丟一把到湯屋浴池內，彷彿煮完香茅茶來煮香茅人，霧氣蒸騰之間，充斥滿室的天然檸檬香。

宜蘭人的冬季還有一項別具儀式感的活動，即為在室內燒炭取暖，只要注意空氣流通，透過燃燒木炭或木柴的方式，比起除濕機更能讓整間屋子升溫乾燥，甚至有種空氣結構被澈底置換的錯覺。朋友間有人使用煤油爐、有人採用古早味的紅磚瓦盆，有人找來煙囪式暖爐，彼此分享縣內哪家地方商鋪的木炭不易生煙。然後在除濕之餘，也順道在炭爐上烘烤橘子、溫一壺茶，是現代化的除濕機無法取代的情懷。

越是濕冷，越是蒼白，越能開出一朵朵溫暖的火光。這是濕冷的宜蘭在農漁收獲上、視覺上，以及體感與味蕾上，因地制宜所形塑而成的另一種冬日豐收。

櫛瓜與白菜

櫛瓜

回想生平第一次吃櫛瓜的心情，入口的瞬間心中冒出：「是麥當勞的味道！」究竟為何會聯想到罪惡的速食，想是櫛瓜濃郁的奶香夾帶了垃圾食物的隱喻，明明是很健康的食物卻隱藏墮落的滋味，天底下怎麼有這麼好的事！

先前種過一次沒成功，今年種兩株活一株，定植後用網罩護體，挺過了苗期沒被蝸牛啃斷，這陣子一條條接續長成，繼續墮落繼續吃。

蜜雪兒白菜

櫛瓜收成時，小櫛瓜還掛在莖蔓上，再往前推還有瓜花，一條條熟化的瓜果按時序接續收成，並不影響櫛瓜工廠的產線。可葉菜就不一樣了，往年我習慣整株收割，但當蜜雪兒白菜的熟葉臨界採收適期，嫩葉還在中心被團團保護起來，它們還沒長大，它們其實可以是未來的熟葉。於是今年我更動了收成方式，將外葉一片片拗折下來，三株的外葉正好湊成一盤松阪豬炒白菜。如此一來，一株葉菜就自成一座工廠，生產線由中心向外圍推進，時隔半個月產出一批熟葉，就這樣收了一整個冬季，延長了每株葉菜的採收時程。

一樣的方法可套用在芥菜、青江菜、拔葉萵苣，唯獨福山萵苣因葉片太過水嫩，去除外葉後，更幼嫩的內葉會抵擋不住雨水侵襲與烈日曝曬，較適合整株採收。

烤火日記

閒暇的日子包了上百粒餛飩、到菜園種了五十株萵苣，然後一旦開始劈柴手就停不下來，此刻感覺自己人類圖生產者的角色正大肆發揮，雙手不能閒散下來，不可以無所事事。

取得一批塊狀角木，用廢棄的烏心石砧板劈柴，木材有其紋理，順向劈砍的時候勢如破竹，像在切豆腐；又取得另一批小徑木，將徑木立穩，垂直向下縱劈，劈時想到影視裡的古裝樵夫，如何能料想到有日會在客廳裡劈柴。

濕冷的夜晚，從屋裡將一節節連結的煙囪自高窗探頭出去，將劈好的小柴堆成井字狀，點燃火種送入火爐，柴火隨煙管導引的氣流向上明焰，趁勢再丟些薪柴，直接拿風扇放送空氣，關起爐門靜待火勢悶燒。透過通風的網孔觀看態勢，火會跑位，會低調密謀路線，先在左側抱團燒一波，而後發現右側還有新鮮柴堆，再成群前往，有時也遍地開燃。

火勢焰著的時候爐裡傳來哄哄聲，隨後趨緩成暖紅通透的炭火，平靜中帶有細微嗶滋嗶滋聲。此時煙氣殆盡，敞開火爐的通風門，見火路在炭裡竄，見炭的通紅與閃爍；此刻雙頰被烘得暖熱，連接到屋外的煙囪冒出陣陣炊煙，襯在漆黑的雨夜顯得靜緻迷離。

看顧火堆的同時一面在爐上煮水、煮湯圓、烤橘子，時間被分割成一會添柴、送風、持火箝挪移木柴，一會剝橘子吃湯圓，一會再劈些木柴，席坐在火爐旁以之為中心轉身去做這些事情時，覺得自己不折不扣就是《神隱少女》裡多工進行的鍋爐爺爺，晚些時候鍋爐爺爺還要將積存在爐底的草木灰帶去菜園播撒添肥。在宜蘭生活每年都有無盡的濕冷需要迎戰，若要探尋什麼苦中作樂的事，大概就屬烤火與泡溫泉吧。

芳齡四十

文字工作時常久坐，埋首在電腦前一晃眼幾小時就過去了。天晴的日子還能在一日工作結束後強迫自己跳上單車或去山裡散步，但秋冬遇上宜蘭的雨季，有時雨水一落就連綿數周。為了替自己安排能在室內進行的運動項目，一時衝動加入了完全不認識的 Line 群組，報名了周末的羽球團打。到場後，驚覺團員泰半都是年輕人，教練二十六歲，一旁與我聊天的弟弟則是今夏剛考上大學。於是阿姨我便以四十歲之高齡與一票鮮肉進行雙打，這才發現原來人的能動性與年齡息息相關，他們彈跳、具爆發力，在我眼前展現各種人體不可能之拗折與伸縮，懷抱敏捷的靈魂與美麗勻稱的運動員肉體。

計分方式始終是一團迷霧，雙打的走位調度更是考驗反應及默契，我是誰，我在哪裡，換誰發球，要站左邊還右邊，阿姨覺得人生好難。終場後望著鮮肉發呆，另一名可能也打到懷疑人生的阿姨向我走來，主動交換了 Line，「下次一起打吧！」「好哇好哇，太好了我們。」

河 牛

農曆年前在大湖溪邊散步，驚喜遇見一家牛。小牛當時剛滿月，毛髮未豐，孱弱的四肢站不太穩，緊隨在媽媽身邊。一旁牛媽媽身上的繫繩被自己繞行的樹枝纏住，飼主阿伯穿著拖鞋遠遠步行而來、欠身翻越那道由卵石砌成的堤防，一面解繩一面甜蜜地抱怨：「你白目！吼，真正白目！」接著回頭對我們說：「牠們是河牛噢！不是一般的水牛。」

回家查了水牛分為「沼澤型」與「河川型」，台灣引進的大部份為前者，阿伯口中的河牛應該就是河川型水牛。春節後再次尋訪，一家牛照例在水邊放牧，牛媽媽半身浸臥在沁涼的溪水，牛爸爸則隔著橫越的矮橋在另一側泡澡，僅剩半顆頭露出水面，一臉悠哉。一個月不見，小牛健壯不少，我拔了些咸豐草搖晃示意，牠舔著長長的舌迎面走來。牠時常會暴衝，就是東聞西嗅了一下，突然像想到了什麼似地大動作回跑；或本來只是緩慢踱步，卻突然加快腳步雀躍衝向你，直衝而來的時候會低頭輕撞一下，在你的大腿磨蹭幾下像芽點般呼之欲出的角。我摸摸牠側方的脖頸，牛的身體很硬，牠還不知道自己的力氣有多大，牠還在認識這個世界。

菜鴨

轉角那戶人家養了一整群淺褐色的菜鴨，前陣子其中一隻飛出圍欄落入隔壁水田，傍晚見牠一鴨孤伶伶瑟縮在一束未收割的稻草旁。牠其實與原先圈養的鴨池只隔幾尺寬的馬路，舊日家園就在那裡，但牠不懂返回的路徑。

我知道牠和我的母雞一樣，懂得飛出去卻不知曉回家的路，那是家禽終於在某日無意間仰頭發現自己好像可以，或許可能，越過結界，於是展開一次隨機且無心的初探，因為沒預料自己會成功，再回頭已然回不去了。

那塊遼闊的水田本就棲息幾隻野生的花嘴鴨，相隔幾周，菜鴨似乎習慣了野外的生活，並且神不知鬼不覺慢慢混入野雁之間，成為牠們的一員。冬季乾冷的日子，無關野生或馴化，無關花色，菜鴨與花嘴鴨一起在田埂旁覓食理毛，一起將頭首埋入羽翼下冬眠。

台北編輯圖鑑

投入接案採訪的生涯十餘年，合作過不少雜誌、出版社與網路媒體，與各家編輯交手有感，大致歸納以下心得。時尚旅遊雜誌編輯是愛化濃妝、喜歡打扮的辣妹，最常出國旅遊的地點是日本；文青雜誌從編輯到行銷，都是家世清白、有禮貌的小妹妹；大型媒體無論是歷史悠久的老出版社還是新興的網路平台，主編沉穩知性，在電話那頭都是熊旅揚、都在播《大陸尋奇》；小型出版社的編輯年輕有活力、常保好奇心，處事有餘，社會化程度高，對於都市生活適應和諧；農業雜誌編輯則是樸實的阿妹仔，年輕的她們在邁向成熟之前，一路走走看看，反覆拿捏，上回與她們在車站道別時，彷彿對鏡瞥見童年之我。

美男子

三年來的疫情生活，期間的採訪工作除非是在戶外進行，幾乎都得戴著口罩訪談，因此對方是否正在微笑我都分辨不出來，甚至時常覺得那人是否哪裡不太高興了。然後人好像還有種慣性，一張只能看見眼睛的臉，就會下意識自行拼湊出整張完整的臉。有次我過於專注聆聽眼前的人說話，兩個小時過去了，對方突然拉下口罩啜飲手邊茶水，我非常驚訝他跟我原先認定的長相差距了十萬八千里，彼時我的肉身佯裝鎮定，但靈魂已經跌坐到地上了——你怎麼可能長這樣、這不是你，快把剛才我以為的人還來！

一雙眼睛要對應到怎麼樣的鼻子、嘴巴與臉型，這之間的連結究竟受到過往什麼樣的暗示與養成？然後昨日訪了一位看起來剛睡醒、一臉暮氣沉沉的男子，因應攝影師的拍照需求請對方將口罩脫下來，一瞬間我眾驚為天人，這是世間少見的美男子，是傑尼斯的旗下藝人啊。但這份美也極有可能來自口罩卸下前的氣場過於厭世低迷，以至於反差強烈驚煞眾人。

談平等：敬重自我的工作模式

與社長總編、前輩編輯，一同圍繞在 OA 隔板討論剛出爐的書籍打樣，突然門鈴一響，站在最外圍的社長停頓片刻，起步去應門。前輩編輯回頭望向我：「妳怎麼讓社長去開門啦！」語畢隨即加快腳步，趕在社長抵達前橫向攔截。

遷居宜蘭前，我曾短暫在體制外的森林小學擔任教師，那裡的孩子習慣稱呼老師名字：「盈瑩妳中午吃飯了嗎？」、「盈瑩妳等下要不要跟我們玩大白鯊？」空氣中流露著自然親暱，好像我們從來就是朋友。

我喜歡孩子如此稱呼自己。然而在一座校園裡，無論我們如何希望消弭師生之間的階級，不可諱言地，老師就是明星的一種，尤其在體制內學校，權力結構更加顯著。這也是為什麼權勢性騷如此可惡，當擁權者利用自己的「明星」身份，去讚美特定的女學生可愛迷人，這與早餐店阿姨稱呼你是帥哥美女的情況截然不同。

有組織的地方就會自然形成分層與階級，誰說的算、誰去應門，彷彿有約定俗成的隱然秩序，辦公室文化就是一座小型社會，滿布處事眉角。我明白刻印在同事心中的處事依歸：敬老尊賢，長幼有序，但我內心更渴望追求人人平等的價值。

自由接案者以個人為單位，業主看重的是你的能力，當專業對專業，兩相平行兩相對等。每回交稿時編輯總說：「謝謝盈瑩的幫忙。」我心想我有領稿費，他們卻說是幫忙，是否太客氣了？但細想一步，那就是一種合作關係，他們需要我，我也需要他們，彼此謝謝。

透過網路通訊，我們聯繫，我們討論，我們專心一致將事情做好。特約採訪與各家編輯的關係，有時就像在虛擬的教室裡隔著走道，我們在相鄰的隔壁一起寫作業，趕在雜誌出刊前完善各自的任務。

閒暇時將過往參與過的雜誌一本本翻閱，當日採訪的氣息、人物的表情、空氣的溫溼度躍然於紙上。一格格的版型欄目像家鄉的房間，讀雜誌像回家，但就現實上我與這些編輯沒見過幾次面，卻對雜誌及背後製作的人們產生歸屬感，我不在體制裡，卻仍能生出認同。

業主對我的尊重、我對業界的認同感，是個人接案附加而來的情緒價值，讓你敬重自我，並永保精神上的獨立。而那份敬重也含括了對執業的責任心，從業以來我不曾逾越截稿期，那是我為自己設下的規定。

另一項讓接案工作者能夠敬重自我的原因，則是保有選擇權。雜誌與刊物題材千變萬化，這些短而精巧的單篇案件或一個個專案，倘若遇見喜歡的主題，快樂如煙火；若遇到不對盤的窗口或難纏的案件，痛苦卻也看得到盡頭，我們賦權給自己，有權點頭或拒絕。

去年冬季接了一個專案，與雜誌社編輯、特約攝影師一起在頭城幾座漁村跑跳，在蕭風瑟瑟的港邊訪問船長、趁夜幕低垂前抓緊時間趕到山腰上的廟宇取景、在東北季風刺骨的冷雨清晨徒步走過砂石車洶洶駛過的濱海公路，那是一段忙碌卻記憶深刻的時光。半年後我巧遇當時受訪的青創團隊，還在念研究所的女孩因為不太了解接案者與業主的關係，略帶稚氣地問：「那你們算是同事嗎？」我想了一下：「嗯，我們是那一個月的同事！」

馬祖日記・輯一

平日會接到雜誌單篇的採訪撰文或副刊邀約，它們輕薄短小，出差也僅是半天、一日就能完結的程度。除此之外，偶爾會能接到整本書的專案，時程通常趕忙，疊加在原先零星的小案之中，日子因而緊湊紮實了起來。

1

這回接到馬祖的縣政專書，多日的外島長差，行前除了備訪、與編輯聯繫溝通，還需要訂機票、住宿、查詢在地交通與確認天候等零碎事項。出差首日約訪了文化處，協助我聯繫的是人在台灣的出版社編輯，但編輯沒有給我縣府窗口的聯絡方式，只說約訪地點在連江縣政府。為此我特別在事前訂了靠近縣府、位於山隴的民宿，提早二十分鐘悠哉走去。踏入大廳，望了一圈沒有服務台，找不到任何可詢問的對象，此時一名阿伯手插口袋緩緩從局室走出來：「文化處！文化處在清水，不在這裡啊！」錯愕之餘我趕緊撥通計程車大姐的電話，火速在十分鐘內抵達位在山腰上的辦公處。然後也才在此時知道隔日要訪的環資局在牛角村，交旅局又在清水另一處，所有的機關就這樣散落在南竿各角落。原來連江縣政府興建的年代已久，腹地過小容納不了這麼多局處，才不是什麼都市人直觀認定所有局處都座落在一棟大樓那樣呢！

結束了文化處驚魂，回到山隴，走進小吃店點了碗老酒麵線壓壓驚。方才點完餐坐下來，兩小時前那位在縣府遇到的悠哉阿伯從樓梯走下來，兩人四目相對眼睛一亮，我驚訝說：「怎麼會這麼巧！」他立即押韻答道：「因為就是這麼小！」馬祖太小了以至於一切都這麼巧。一問之下，原來這是他小姨子經營的店，他就這麼晃到菜口幫忙端盤上桌，不一會又像隻不倒翁手插口袋晃啊晃地晃出門口抽根菸。

馬祖人的斜槓性格如血液流淌在體內：縣府阿伯下班後幫忙端菜，七十歲的計程車大媽兼著當阿兵哥的心理輔導志工。在市場賣咖啡的馬祖年輕人說頂峰時期兼職四、五份差事，市場咖啡賣到一半，接到二十四小時待命的直昇機後送電話，店鋪就留著客人繼續喝咖啡，自己衝去當後送地勤。同時他還是旅行社導遊以及全島的咖啡機維修師，最忙的時候就是趁團客中午用餐空檔，迅速抽身跑去修咖啡機，下午再回來帶團。

2

在這座花崗岩島嶼上，人們與山爭地，也與海爭地。新蓋的房子沿著陡坡往垂直的方向堆疊起來，山隴廣場旁的白馬王公園透過填海造地興建而來，晚飯後馬祖大媽打開收音機成群跳起廣場舞。

隔日清早接續採訪地方首長的行程，環資局位在牛角村的邊疆地帶，從局室二樓能望見遠方北竿島的尾端。土黃色裸露的岩石與激起的浪花，這麼寂寥且荒涼，映襯在受訪局長的背後還有一陣陣東北季風傳來的海風呼嘯。他緩緩說出曾經消失六十年又被他遇見的黑嘴端鳳頭燕鷗，以及大坵島上梅花鹿的放養始末。

3

出差最後一天的午後有了空檔，與剛下課的小學生一起搭乘馬祖公車，在極為陡峭的山裡繞行。途經荒涼的水庫，幽森無人的谷地，在碼頭停靠了一會，又在機場停靠了一會，小學生在車上時而喧鬧時而靜默。窮山惡水間，他們沒有小學時期步行上學的記憶。

從馬祖一路輾轉回家，最先躍入的感想是：宜蘭好平。我們常說自己是小國小民、小島小民，可是對應馬祖島，台灣更像是一片展延的大陸，生平第一次確切感受到，我是住在平原之人。

4

所謂搭飛機這種事，大概不管經歷過幾次都仍然會感到興奮吧。去程是晴朗的日子，在穿越一整片波瀾不驚的汪洋大海後，眼下突然眺見馬祖島，都有種早期探險家初次撞見原始島嶼的視覺衝擊。回程訂到傍晚最末航班，在機艙內探看外頭的漆黑，亮晶晶的台灣島像流綴的寶石在閃耀。有時我會想像飛機外面的空氣一定很冷，就像看《魔女宅急便》的時候會覺得 kiki 穿得那麼單薄，夜間飛行不感冒才是奇蹟。但我能夠想像 kiki 飛行時的感受，那是寂寥之中帶點痛快的歷程，那像是夜晚獨自在異地出差的感覺，你聽見垃圾車忽遠忽近盤旋的聲音，卻覺得離家常的日子這麼遙遠；一個人躺在 king size 的大床覺得好舒服好精緻；肚子餓了就披上外套到空冷的街邊覓食，海風在遠方，而我只有自己一人在這裡。

依舊覺得異地出差是辛苦的，但我好像比較懂得照顧自己了。

馬祖日記・輯二

年末又接續到馬祖出差一周，最後一夜在青旅包場，躺臥床鋪思緒滿溢，起身記下幾個關鍵字，熄燈入睡，思緒又增生，又再起身。就這樣醒來、躺下、開燈、熄燈來回數次，直到紙上鋪滿密密麻麻的詞彙，過沸的腦袋才終於平緩得以睡去。

馬港

入夜後的馬港安靜且復古。所有「馬」字輩的詞彙都有律動感，「馬港」、「馬青」、「馬資網」，平鋪的字詞隱隱約約都在跳動。

牛角

穿梭在聚落，沿陡階而上，喘吁吁終於踏上最後一階，來到垂直石階與水平街道的 T 字路口，卻見到右側兩隻年輕好事的惡犬從原先的臥姿起身，一面吠叫一面洶洶走來。我轉向另一側想從左邊的街巷逃走，卻見到另一隻頂著白鬚蒼蒼的老狗也悠悠走來。童年時期曾被野狗追跑以至於十分怕狗的我驚慌暗忖：「難道要被包夾了嗎？」、「要從來時的階梯反向逃命嗎？」正猶豫時，才發現老狗是來領路的，垂暮的眼神往兩犬的方向投遞，示意稍安勿躁後，便領我走了幾步通往海邊的路。白日的行程趕忙並未對此事放太多心思，夜深人靜突然想懂了老狗的這份心意，感激涕零泣不成聲，那是動物對人類聊表之心意，不動聲色的守護獸。

大浦

這趟回去，覺得冬季的大浦又更美了，原始靜美，一種沉下來的美。

從對面山回望大浦，聚落像小人國，俯瞰港的階梯變得不可思議地陡。昨日下午我見一位老伯背著舢舨上岸，今晨再去，人已出發，徒留一艘接駁用的小船在海面載浮載沉。這裡有海風、浪花、陡峭入海的岩壁，他一個人與冷冷的大海拼搏。

夜裡有光，駐村的藝術家施以巫術，將在地紅土練成偶。在馬祖，所有自行砌成有圓弧牆角的屋子都像洞穴，洞穴第一進有人在創作，第二進堆了些作品在角落。穿越外頭，火紅的烈焰在燃燒，銀白色的月光映照在峽谷與海面，此夜有人聚眾。

抗拒不了細節，細節充滿誘惑，欲記得的話語像新添的熱菜疊在飯上，掉了下來又添了回去，最後仍從側邊滑落。

去年駐村結識的友人像許久未見的八舅公與二姨婆，記得你將要啟程的時刻，趕在你前往碼頭前匆匆送來一塊剛烤好的餅。離去前東莒的猛澳港飄起斜落的雨絲，海浪激盪出白花並猛力拍擊碼頭，海水橫漫越過長長的堤防，在岸上候船的鄉親不知為何瀰漫一股猴急的氛圍。終於大船在雨中入港，船頭貼靠碼頭，船員透過對講機向船尾大聲吆喝，等船尾也一併靠岸後，船員弟兄迅速下通道、卸棧板，從甲板上向岸邊拋擲一箱箱包裹。一股逃難與別離的戲劇張力隱密在鼓動，這一切都過激了，在碼頭上混著細雨不明所以哭出來，心緒如一盛水之淺碟，稍事加溫就要沸騰。

山隴

返回南竿，離開馬祖的清晨在山隴覓食，路過早餐店看見穿戴毛呢護耳帽、身著軍綠色過膝大衣與長筒軍靴的阿兵哥在檯前候餐，那是冬季北國軍人獨有的樣貌。

軍旅的人、差旅的人，我們都在旅途上。

冬旅：龜山島

趕在冬季封島前去了趟龜山島，特別喜歡遊船繞島的行程，船身行經陡直入海的岩壁一側，海面下冒出磺煙裊裊，古老的礦石在艷陽下顯得金碧輝煌，一種原始的抒情。

登島後爬了四〇一高地，在高塔頂端看見龜首後腦勺長滿了稀疏灌叢，下山後環湖、走訪坑道。總覺得沒有島民居住的島嶼好像少了生活氣息，白天送來一船船的遊客喧囂，夜晚又再次回歸沉靜與寂寥，日復一日。

家附近常去的步道可遠眺龜山島，對宜蘭人而言，它像是蘭陽平原的象徵，一個遠方的標幟，從不同地方不同角度都能看見。自從登過島後，再次眺看，好像標幟就不再是標幟了。遠遠地我看見曾經站立龜殼上的自己，想著龜首上的綠色灌叢被海風吹得低伏，海平面下的磺煙還在沸沸燒著，遠方的岩壁又崩落了幾些。

冬旅：埔里日記

小鎮

埔里的早晨，遠山寧靜，運動場有人打羽球與壁球，陽光灑落在成排的藍色塑膠座椅上，牆上背板掛有手寫的會員名錄。向晚時分天空常是橘紅色，街角有老派的麵包店。這幾天搭了各式各樣的客運，算準時間，用力揮手攔車，到清境看羊、到中台禪寺看佛國特展，候車時總是戰戰兢兢，深怕一不留神就被困在山野與荒郊，精神上的無法怠惰。

清境

清境觀山牧區有片栓皮櫟樹林，每年冬季鋸齒狀的樹葉遍落一地，夾雜大大小小的橡實錯落其間。後方牧區有幾隻利比札馬，兩隻潔白色的小馬遠遠見有人到來，先是在柵欄旁定睛看看妳，隨後用力甩尾，興奮地整場跑繞了一大圈再回到柵欄旁，像小狗般雀躍，而我的心也是。

再去看了瓦萊黑鼻羊，牠們的毛蓬蓬捲捲，時常將身子緊靠柵欄旁，於是圍柵的鋼線上密捲了牠們的毛，一圈一圈牢牢勾纏著。冬日正午牠們照例懶洋洋抱團擠挨在陰涼處，偶爾傳來羊角兩兩輕敲的聲音。牠們長長的尾巴像條拖把，除了臉鼻與耳朵是黑的，後腿的飛節處也是黑毛，像某種會在手肘加強補丁的皮衣外套。

埔里腔

在埔里小鎮待了四天，連日被滿滿的埔里腔包圍，我對這個可愛的腔調天生擁有敏銳的雷達，因為關不掉，乃至於聽對方說話時一直分心，吃早餐坐後方聊天的阿姨、臭豆腐店的年輕老闆、博物館西裝筆挺的接待人員⋯⋯。許多地方腔調都是閩南語，埔里腔卻是國語，這個腔調不易模仿，也很難向無法分辨出來的人解釋箇中差異。若說語言的形成與風土有關，比如澎湖人講閩南語，許多發音嘴型是圓嘟的，某一推測是海風強勁，如此可避免說話時海風灌入口中。那麼埔里腔與台中腔究竟是如何形成的呢？那些分布在中部縣市，隱密幽微，在應該要下重音的時候卻些許飄揚上去的神奇輕音。

佛國

在埔里期間來到中台禪寺，一個巨大到有些誇張的地方。禪寺的廟柱為四大天王，像巨人一樣撐起天地。我們經由導覽人員帶到上方樓層，一層以白色系為主的殿堂，有潔白色的挑高空間與潔白的佛像，入眼的剎那像來到天堂。

中台世界博物館近期的特展為泰國造像，在此之前我一路從木雕分館看到常設展，瀏覽了無數來自中國的佛像，已臨界審美疲乏。無論是何朝代，這些中國佛像幾乎都有啤酒肚，層層堆疊的袈裟皺摺要說是巧奪天工，不如說過於繁複的工藝表現更接近炫技意圖。對照之下，泰國的佛像具節制之美，身材穠纖合度，左右兩側的手印對稱，簡約素樸反倒凝塑莊嚴氣度。

佛像凍結了當時的種族、人們的身型與服飾，一尊尊化成石木定格於一瞬。墮羅缽底時期一尊鼻翼略寬、嘴唇豐厚的佛像，記錄了當時孟族人的長相特徵。然後泰國人普遍矮小，所以佛像不胖、小腹平坦，回望中國的佛像，因為身穿十分大件的袈裟，於是皺褶也只能繁複了。

從墮羅缽底、素可泰、蘭納王國、阿瑜陀耶到泰國近代，佛教與印度教在泰國不同時期間彼此消長興衰，因此除了小乘佛教與藏傳佛教，泰國也有部份印度教的神祇，比如人象合一的「象頭神」、人鳥合一的「大鵬金翅」，充滿濃厚的動物意象。此行印象深刻的還有暹羅風格鮮明的「行走佛」，石像凝結了少見的動態步伐與衣角揚動的瞬間，簡約端莊。另外「喜金剛」與「大威德金剛」也是我喜歡的造型，過往對佛教幾無涉略，也不曾仔細端詳佛像，但若單純從造型藝術的角度來賞析，祂們就是一尊尊人們以信仰之名層疊堆砌出來的，美麗又駭人的雕塑。

冬旅：動物園筆記

鳥園

如天幕籠罩的紗網底下是鳥類的楚門世界，紗網下有小河流水綠意盎然，眾多鳥種在此生活。鳥園是動物園裡少數人類能進到「籠子」裡與動物同在的地方：木棧橋上有孔雀開屏佇立路中央，一會又拖著長長尾曳跳上枝頭；近距離觀看艷麗的鳥類在飼料平台上進食；頭頂上方有鳩鴿飛掠而過；雁鴨帶著初生的寶寶在溪流滑水；巨大的鵜鶘群據一方。與高密度的鳥類齊聚一堂，像置身色彩鮮麗的異世界。

迷幻時刻

動物園最迷幻的時刻是傍晚五點預備休園前，獅子的吼音在整座木柵山谷間低鳴迴盪。此時一樣身處非洲動物區的羚羊，正準備下班排隊領便當，聽見獅吼傳來，一條忽驚嚇地往回奔逃。

又一次休園前正步行至台灣動物區，飼育員從水桶倒了些紅蘿蔔切條，此時陡坡上的山羊都遠遠盯著他伺機而動，等飼育員離去後才謹慎緩慢地跑下來吃。第一次看見台灣野山羊是在福山植物園，人車離去的黃昏時刻，在時常散步的聯外道路上，突然冒出一隻像身著棕色玩偶裝的動物橫掠過去，那麼笨重又那麼滑稽，是我對山羊的初次印象。

飼育員

飼育員可能是動物園裡最好看的動物了，他們操持著世上最神秘的職業，從神秘的小門突然映入遊客的眼簾。他拿了一整盒爬滿蟋蟀的雞蛋紙盒出現在鼬獾面前，鼬獾興奮撲上前去，不是為了食物，而是為了他，他像擼貓一樣雙手搓揉牠毛茸茸的臉頰，不顧旁人眼光迅速且熟練。離去前鼬獾緊黏在他的腳邊溜了出去，飼育員俐落地在門即將闔上的前一秒把牠拋擲回去。「再怎麼喜歡也不可以這麼親密唷！」飼育員的內心如是說。

三件事

每回來動物園必定想起三件事，一是童年時期全家逛動物園，當時的賞鳥區是一面牆上挖了許多洞讓遊客往山谷眺看，父母、我與姊姊各人鎖定一洞專注尋鳥，然後年幼的、疏於照看的弟弟就這麼走失了。與家人在整座園區上上下下來回奔走，眼看即將天黑了仍然一無所獲，母親牽著我的手焦急地哭了出來，欲入夜的動物園獸聲四起，彷彿在山谷悲鳴著：「弟弟要讓泰山帶去當小孩了。」直到園區的服務台那頭響起領取小孩的廣播訊息，此趟動物園驚魂才圓滿落幕。

第二件事是一則令我印象深刻的新聞，曾有一隻名為寶寶的黑金剛竄逃出來，在園區的大街上逛了數十分鐘，路人全數驚呆，甚至也有人被撞倒。搜尋到這則消息的自己當時正在上班，在辦公室裡激動不已，那實在太像電影《金剛》的微型縮影，劇院裡的金剛跑出紐約大街，捶捶胸膛向人類發出怒吼。

第三件事是一則老式新聞，時值日治末期，彼時動物園還在圓山，戰事一觸即發，日方考量若美軍轟炸，四獸竄逃下將對人民帶來更多死傷，曾研擬要將園內的動物逐一槍殺。這實在很難不讓人聯想到，戰火綿延下，人們或許在混亂之中一個轉角拐彎突然撞到熊，或在逃命之際與犀牛、長頸鹿一同奔走宛如《野蠻遊戲》的場景。

大象

亞洲大象區曾是林旺與馬蘭的家。這回看到大象有個玩具，是由三個連成一串的黑色輪胎，大象意興闌珊地玩弄，前腳踩倒，長鼻子左右逗弄，不停反覆。看著看著有些出神，回過頭來跟 TN 說：「如果是在野外，你覺得牠正在玩的是什麼？」TN 聳聳肩答說不知道，我堅定向他說：「是屍體。」

日前我在網路讀到歷史上曾有馬戲團大象不堪人類虐待而衝出戲棚，大象逃離前就是這樣報復馴獸師的：用鼻子扳倒他，前腳踩踏他，用象鼻左右翻弄他，後來大象被人類開了八十多槍，兩眼都是血，失神般定定回看鏡頭，停格在一張黑白相片裡。

煙花

通往員山神社前那一列陡直的石階、階底下的銅馬、燈光熠熠的夜市，將自己投身在人群裡，與老老少少的居民擠挨在一起迎接元宵慶典，每年彷彿只有此時此刻格外感到自己是鄉民的一份子。

員山燈會已經好多年沒有施放煙火了，上一次是二〇一一年的兔年燈會，那年我二十八歲，在福山植物園海拔六百多公尺的山區從事野外工作，傍晚循著公路兜兜轉轉、風塵僕僕抵達山下，就為了看一場煙火。時隔將近十年，兩次都因為距離很近，忽遠忽近的煙花就在頭頂上方綻放開來，仰視的脖子特別痠，但夜晚因此而奇幻。

煙火如同戰爭煙硝，同樣為大地帶來震動。由於雙眼只專注在一整片烏漆的天空，當絢麗的火光由遠方逐步逼近，像身歷其境穿越銀河，有銀白色緩慢流瀉的長煙花、像精靈那樣四處短竄的、朵形的、土星腰帶一樣圓扁的。或許煙火的迷人之處就是宇宙感，好像身體確確實實黏貼在地球這座星球上，任憑視覺上的遨遊，我們穿梭在漆黑的宇宙裡。

後記

願我們自由而無畏

無論本土或國外翻譯書，談及「躺平主義」、「反社畜」、「反內捲」、「自我實現」、「青壯年世代生存議題」、「跳脫資本主義的遊戲規則」等概念，已有不少被歸類在社會科學或生活勵志類的書目。《彩鷸在家門前秘密遷徙》或多或少也碰觸到這些議題，然而不同的是，本書透過小品或隨筆體裁，將自身三十歲到四十歲的人生，以日常紀實的方式呈現或佐證，一個人如何將理念及價值觀身體力行於生活之中。

離開都市到農村租屋、自耕自食、維持低物欲，是減少生存壓力與降低開銷的生活模式；透過自由接案的各種彈性，則是能夠維持工作初衷並且敬重自我的一種執業模式；然後知曉自身的熱情所在，更是常保生活熱度的不二途徑。如此採取很低的物質限度過著理想性很高的生活，人生或許就能省去許多不必要的勉強及約束。

移居他方，試探人生的可能性，需要一顆無畏且嚮往自由的心。有時在想，如果像我這樣的生活模式都能生存下來，或許能提供一些正為了工作或生活感到不由自主的人們帶來些許勇氣吧！

catch 307

彩鷸在家門前秘密遷徙

自休自足X自由接案的躺平日記

作者：李盈瑩
插畫：薛慧瑩
責任編輯：張晁銘
校對：李亞臻
美術設計：李盈瑩
內文排版：蔡煒燁

出版者：大塊文化出版股份有限公司
台北市105022南京東路四段25號11樓
www.locuspublishing.com
讀者服務專線：0800-006689
TEL：(02)87123898
FAX：(02)87123897
郵撥帳號：18955675
戶名：大塊文化出版股份有限公司
法律顧問：董安丹律師、顧慕堯律師

印務統籌：大製造股份有限公司
總經銷：大和書報圖書股份有限公司
新北市新莊區五工五路2號
TEL：(02) 89902588 FAX：(02) 22901658

初版一刷：2024年8月
定價：新台幣380元
ISBN：978-626-7483-44-2
Printed in Taiwan

國家圖書館出版品預行編目（CIP）資料

彩鷸在家門前秘密遷徙：自休自足X自由接案的躺平日記/李盈瑩著. -- 初版. -- 臺北市：大塊文化出版股份有限公司, 2024.08
面；　公分. -- (Catch ; 307)
ISBN 978-626-7483-44-2(平裝)

1.CST: 農村 2.CST: 通俗作品

431.4　　113010277

▲ 芹菜的繖形花序於三月下旬盛開。
▼ 鳳梨屬於聚花果，於春季吐露紫色花苞。

1	2
	3
4	5

1 被白頭翁啄食的玉女番茄。
2 青蔥於三、四月結花苞，開出球狀蔥花。
3 冬季未採收的沖繩黃蘿蔔，於早春盛開繖形花序。
4 每年清明節準時在菜園現蹤的鼠麴草。
5 果香濃郁的紅心芭樂，四月及九月為採收季。

串鼻龍為夏日野地植物，聚合的瘦果身披羽狀柔毛。

位於蘭陽溪溝渠旁的菜園。

▲ 四、五月是野番茄的盛產期。
▼ 紅骨九層塔的塔狀花序。

▲ 皇宮菜的漿果，自然落地後會新生小苗。
▼ 於馬祖駐村期間飼養的北京油雞。

▲ 菜園除草時，意外發現白腹秧雞的巢與蛋。
▼ 十一月下旬，韭菜結籽。

▲ 初秋時節將紅蔥頭種到土裡，日後即可採收珠蔥。
▼ 春日種植的洛神，於年末開花。

寒冬的馬祖島，漁民與他的舢板船。

水路遍布的小村。

1 在菜園朽木現蹤的鳥巢菌。
2 菜園堆置的稻草上，秋雨後長出一把把鬼傘。
3 櫻桃蘿蔔。
4 在温煦冬陽下曬日光浴的洛神花。

▲ 龜山島，向碼頭拋繩的船員。
▼ 馬祖東莒，大浦聚落。

宜蘭冬季濕冷，宜烤火煮食。

向晚的水田。